KB071307

아이의 꽃말은 기다림입니다

불안한 부모를 위한 식물의 말

아이의 꽃말은 기다림입니다

김현주 지음

청림Life

키우는 시간을
함께한다는 것

어려서부터 키우는 것을 좋아했습니다. 귀여운 강아지는 물론, 마당 구석진 곳에 자리 잡은 거미나, 엄마가 사온 채소에 붙어 있는 애벌레와 달팽이도 키웠습니다. 어릴 적 내내 엄마가 키우는 식물들을 보면서 자랐고, 작은 마당에는 항상 동네 고양이들이 모여들어서 먹고 자고 새끼도 낳았어요. 어른이 된 후에는 제가 온전히 책임지고 키우는 강아지가 생겼습니다. 제가 아이를 낳기 전에는 저의 개가 먼저 강아지들을 낳고 길렀습니다. 몸집이 큰 개라서 무려 열두 마리의 새끼를 낳는 바람에 저는 직장도 관두고 강아지들을 돌보아야 했습니다. 강아지 열두 마리를 낙오 없이 온전히 키우는 일은 그때까지 제 인생에서 가장 압도적으로 힘든 일이었어요. 매일 코피를 줄줄 흘리면서도 견딜 수 있었던 것은 새끼 강아지들이 폭발적으로 귀엽고 사랑스러웠기 때문입니다. 이때 넘치는 사랑이 무너진 체력의 버팀목이 된다는 걸 어렴풋이나마 알게 되었습니다. 세월이 흘러 키우던 개들이 모두 무지개다리를 건너고 지금 키우는 것은 식물과 제가 낳은 아이뿐입니다.

키우기 쉬운 것은 없습니다. 겨우 보일까 말까 한 나비 애벌레조차 키워보자 결심하니 손이 많이 갔어요. 애벌레는 연두색 잎으로 작은 초록 구슬을 끝없이 만들어내는 공장 같았습니다. 그것도 24시간 돌아가는 공장이었어요. 저는 구슬의 재료가 되는 싱싱한 채소를 밤낮없이 공급해주어야 했지요. 애벌레는 잠시도 쉬지 않고 비약적으로 몸집을 불리며 성장에 몰두했습니다. 딱 필요한 만큼 자란 애벌레는 번데기가 되어 그간 밀린 잠을 자기 시작하더니 얼마 후 나비가 되었어요. 애초에 자기 모습이었던 것을 찢고 전혀 다른 모습이 되어 나오는 장면은 직접 보고도 믿기지 않았습니다. 그 안에 있었다고는 도저히 믿을 수 없는 크기의 나비가 구겨진 날개를 말리며 쉬는 모습을 한참이나 지켜보았어요. 보이지도 않는 요만한 알을 이렇게 멋진 나비로 키워냈다는 벅찬 감정이 올라왔습니다. 날개가 팽팽해져서 완벽한 모습이 되자 나비는 말이라도 걸듯이 아이의 어깨에 두 번이나 앉았다가 날아갔습니다. 그러니 어찌 잊을 수 있을까요.

애벌레가 번데기를 거쳐 나비가 된다는 것은 누구나 알고 있습니다. 번데기에서 나비가 나오는 건 매우 극적이라 자주 인용되는 익숙한 레퍼토리예요. 사진으로도 많이 봤지요. 그런데도 몇 년 전의 그 순간을 여전히 떠올리고, 이야기하고, 미소 짓는 이유는 과정 하나하나 애정을 가지고 지켜보았기 때문입니다. 애벌레가 잎을 갉아먹는 모습을 기특해하고, 밤새 그물처럼 만들어놓은 잎을 보고 대단하다며 손뼉을 쳤던 과정이 있어서 행복과 기쁨도 컸습니다.

키우는 일은 어렵습니다. 그중 최고 난도는 '아이를 키우는 것'일 테지요. 나만 잘하면 대체로 잘 자라는 개와 고양이, 식물은 비할 바가 아닙니다. 아이를 키우는 것은 상호 작용을 통해서 생각과 의지와 마음까지도 키워내는 일이기 때문입니다. 특히 아이의 성격과 마음이 성장하는 말랑말랑한 시기가 매우 중요한데, 이 시기 양육자는 몸과 정신을 온통 육아의 연료로 사용합니다. 그래서 지쳐요. 그 시기가 매우 길기도 하고요. 마냥 수월하고 즐겁기만 한 사람은 결코 없지만, 그래도 그 시기를 대체로 잘 보내는 사람들은 있습니다. 그런 사람은 아이를 잘 키운다는 소리를 들을까요?

잘 키운다, 혹은 못 키운다는 말은 너무 결과주의적인 말이라서 양육자가 듣기에는 상당히 가혹합니다. '좋은 결과'라는 것은 사람마다 기준이 다른걸요. 식물조차 어떤 사람은 식물의 크기가 크면 잘 키운 것으로 보고, 어떤 사람은 모양이 예뻐야 잘 키운 것으로 판단합니다. 잎의 색이나 무늬가 가치 판단의 기준이 될 수도 있고요. 식물이 살아만 있어도 잘 키운다고 말하는 사람도 꽤 많습니다.

키운다는 것은 긴 시간이 필요한 개념입니다. 멋진 식물을 사서 내보인들 그것을 '잘 키웠다'라고 말해주는 사람은 없는 것처럼요. 키우기의 핵심은 키우는 시간을 어떻게 보내는가입니다. 그 결과에 달린 것이 아니고요. 특히 아이를 키우는 일은 과정이 전부라고 생각해요. 그러니 과정을 기쁘게 여기는 사람이 지치지 않고 그 시간을 잘 보낼 수 있어요. 세심하고 공감을 잘하며 딱하게 여기는 마음을 잘 품는 사람이 자신의 시간을 기꺼이 더 내어줄 수 있습니다. 아주 작은 것에도 기뻐하고, 내가 해주어야 하는 것들을 오래도록 성실하게 할 수 있는 이들이 과정을 행복하게 만들어갑니다. 그러려면 여유로운 마음이 중요하지만, 그것만으로는 부족합니다. 마음이 쪼그라들지 않게 해줄 체력은 기본이고요, 매우 다양한 상황을 맞닥뜨리기 때문에 전방위적인 능력이 필요합니다. 그래서 혼자서는 어렵습니다. 조력자가 필요하지요.

가족과 친구, 선배, 전문가와 책은 더없이 훌륭한 조력자입니다. 물론 키워지는 대상, 키우는 사람, 또 그들이 처한 상황은 모두 다릅니다. 게다가 사람마다 우선시하는 가치도 다르고요. 하지만 먼저 그 길을 걸어간 사람, 함께 걸어가는 사람에게는 언제나 배울 점이 있습니다. 선배와 동지의 존재란 얼마나 소중한지요. 우리는 다른 사람의 경험이나 생각을 듣는 것만으로도 힘을 얻을 수 있습니다. 무엇보다 덜 외롭고요. 외로움을 떨치는 것은 육아에서 정말 중요합니다. 서로가 있어서 우리는 더 좋은 방향으로 성장합니다. 덩굴이 다른 줄기를 의지해야 멀리 뻗어나갈 수 있듯이 우리는 서로에게 지지대가 되어줄 수 있습니다.

육아가 쉽다는 사람은 없습니다. 모두가 크고 뻣뻣한 수풀을 거듭 헤치고 걷느라 기진맥진한 상태가 되고 맙니다. 어느 순간 영화의 한 장면처럼 탁 트인 평원과 천상의 꽃밭이 펼쳐지리라 희망하지만, 우리가 기대하는 그런 풍경은 나오지 않을 거예요. 삶의 여정은 끝없는 수풀로 이루어져 있습니다. 하지만 놀라운 것은 어디서든 멈추어 살피기만 하면 언제든 꽃을 볼 수 있다는 사실이에요. 우리가 양팔을 허우적거리며 걸었던 수풀 밑에는 어여쁜 꽃들이 빼곡합니다. 천천히 걸으면 지나치지 않고 볼 수 있어요. 때로는 꽃밭에 앉아서 한참을 머물다 가도 괜찮습니다.

세상에 흔들리지 않고 자신만의 속도로 자라는 식물로부터 배운 것들이 있습니다. 저에게는 식물도 훌륭한 조력자였던 셈이지요. 식물과 아이는 너무 다르지만, '키우는 일'이라는 큰 범주 안에서 오랜 시간을 지나고 보면 맞닿는 지점들이 있습니다. 식물을 키우며 감탄하고, 위로받고, 용기도 얻었습니다. 한마디로 '나의 식물 선생님'이었지요. 식물이 저에게 알려준 작지만 소중한 이야기들을 나누어볼게요. 수풀 밑 꽃밭에서 당신을 기다립니다.

김현주

3장 가을 단단하게 여무는 시간

4장 겨울 서로가 서로의 울타리 되어

1장 봄

이토록 작고 소중한 존재

내 아이의
본잎을 찾아서

나는 '파종'을 좋아한다. 오죽하면 트위터 계정의 이름도 '파종인간'이다. 파종을 좋아한다고 하면 사람들은 밭일 같은 것을 떠올리면서 내가 주말 텃밭이라도 하는 줄 아는데, 나는 그렇게까지 부지런하지는 못하다. 그저 씨앗에서 싹이 올라오는 모습을 좋아하는 인간, 그래서 씨를 심는 사람일 뿐이다. 마른 씨앗이 식물로 변신하는 과정은 봐도 봐도 신기해서 절대 질리지 않는다. 그래서 거리를 걷다가도 씨앗이 보이면 일단 주머니에 넣고, 과일을 먹다가도 온전해 보이는 씨앗이 나오면 몇 개를 따로 빼둔다. 씨앗을 심을 때면 종종 영화 〈맨 인 블랙〉에 나오는 고양이와 그 고양이의 목에 달린 오묘한 작은 구슬이 생각난다. 크기를 짐작할 수도 없는 거대한 은하계가 그토록 작은 구슬 안에 집약되어 있을 줄이야! 게다가 모두 거들떠보지도 않았던 고양이가 그렇게 중요한 물건을 목에 걸고 온갖 곳을 오르내렸다는 반전에 통쾌한 기분이 든다.

씨앗이야말로 대반전의 명수다. 파종을 경험해본 사람은 누구나 다 비슷한 지점에서 감탄할 것이다. '말라비틀어진 작은 씨앗 안에 이토록 멋진 생명력이 담겨 있다니!' 하고 말이다. 씨앗이 농구공만큼 크다면 아주 조금은 이해가 되련만, 어떤 씨앗은 이게 먼지인지 뭔지도 모를 지경이다. 그런데 그 티끌만 한 씨앗 안에 어느 정도의 물기를 머금어 몸을 불릴지, 어떤 온도와 빛에 반응하여 싹을 틔울지, 어떻게 잎을 내고, 언제 덩굴손을 내밀고, 꽃을 피우고, 열매를 맺어야 좋을지가 다 담겨 있다. 진심으로 놀라운 것은 슈퍼컴퓨터에나 담을 수 있을 것 같은 정보량이 아니라 단순히 씨앗의 크기보다 몇 배나 큰 떡잎이 안에서 나온다는 것이다. 씨앗 크기만 한 떡잎이 나와도 신통방통할 일인데, 모래알만 한 씨앗에서 어떻게 콩알만 한 떡잎이 나오는 건지! 이것은 냉장고에서 코끼리가 나오는 것과 다름없는 일 아닌가.

원하는 식물이 있을 때 구태여 파종부터 시작하는 것은 제법 먼 거리를 가는데 일부러 골목을 돌고 돌아 걸어가는 기분이랄까. 모든 과정을 조금 더 속속들이 제대로 봐주겠다는 마음이라고 할 수 있겠다. 그저 귀여운 것을 미치도록 좋아하는 것일 수도 있지만, 내가 키우는 식물의 원대한 첫 발자국을 놓치고 싶지 않음이 더 크다. 흙이 말라서 혹시 발아가 안 될까 봐 지나칠 때마다 물을 뿌려주고, 연두색이 조금이라도 보일까 싶어 돋보기를 동원해 흙을 살피며 며칠을 보내다 보면 어느 날 봉긋하게 솟아오른 흙이 보인다. 여리고 가느다란 새싹이 당차게 흙을 밀어 올리는 모습을 보면 얼마나 장한지 풍악이라도 울리고픈 심정이다. 싹이 여럿일 경우에는 땅을 그대로 한 겹 들어 올린다. 많이 뿌려놓은 씨앗이 동시에 발아되어 한꺼번에 밀고 올라올 때 일어나는 일인데, 촉촉하게 다져진 흙이 그대로 공중 부양한다. 그렇게 올라온 새싹은 씨앗 껍질을 모자처럼 쓰고 있을 때가 많다. 이것은 파종하는 사람만이 볼 수 있는 귀한 장면으로 보는 순간 그 귀여움에 심장을 부여잡게 된다. 그러다 떡잎이 벌어지는 순간, '툭!' 하고 모자가 땅에 떨어진다. 아유, 대견해. 기립박수!

파종의 하이라이트는 처음으로 본잎이 나오는 순간이다. 본잎이란 떡잎 다음에 나오는 잎을 말하는데, 그 식물의 고유한 잎 모양을 그대로 가지고 있다. 대체로 비슷한 모양새인 떡잎은 잠망경처럼 세상 밖이 어떤지 먼저 살펴보는 역할을 맡고 있다. 흙 밖으로 빼꼼히 나온 연두색 떡잎은 내가 여기에서 잘 살아갈 수 있을지 연신 주위를 두리번거린다. 햇빛과 온도와 바람을 체크하고 주변에 딱 붙어서 자라는 다른 식물은 없는지 면밀하게 살펴본다. 괜찮다는 정보가 입수되면 곧 떡잎 사이로 그 개체가 가지고 있는 유전자인 본잎을 당당하게 보여주는데, 이때가 파종의 백미다. 작은 본잎은 당당하게 외친다. "자, 보아라. 이게 나의 본 모습이다!" 작디작은 잎이지만 자기만의 독창성을 뽐내는 본잎을 보면 나의 유전자를 가득 담고 나온 내 새끼의 탄생을 보는 것 같은 뿌듯함이 있다. 이 모습에 중독된 사람은 씨만 보면 일단 계속 파종할 수밖에 없다. 떡잎 사이를 비집고 나오는 첫 본잎을 보는 일은 도저히 질리지 않는 기쁨이기 때문이다.

　나는 내 아이의 본잎이 나오는 순간을 몹시 고대하면서도 조금은 두려워하였다. 식물은 독특해도 환영받고 개성이 넘칠수록 가치가 더해지지만, 그건 식물이라서 그런 것이었다. 아이와 엄마에게 좀처럼 너그럽지 않은 사회여서 그랬을까, 세상의 눈이 때때로 매섭고 가혹해서 그랬을까. 막상 아이를 낳고 보니 두려움이 훅 끼쳤다. 나는 내 아이가 가질 독창성이 뭔지도 모르면서 너무 특이할까 봐, 혹은 내가 감당할 수 없는 모양일까 봐, 심지어 그 개성으로 인해 내 아이가 어려운 삶을 살아갈까 봐 지레 걱정하곤 했다. 그렇게 나는 손톱을 잘근거리면서 초조한 마음으로 아이의 본잎을 기다렸다.

남편은 이런 내 마음을 꿈에도 몰랐을 것이다. 우리 부부는 이 뻔한 세상에서 아이가 자유롭고 자주적으로, 무엇보다 독특하게 살아가면 좋겠다고 늘 이야기해왔기 때문이다. 하지만 아이를 낳고 하루하루 지날 때마다 나의 마음 저 밑바닥에서는 아이의 본잎이 아주 조금만 독특하면 좋겠다는 생각이 스며 나왔다. 그리고 세상에서 환영받는 개성이면 좋겠다고 생각했고, 급기야 그게 아니라면 차라리 평범한 게 낫지 않나 하는 생각까지 들었다. 고유의 모양과 다채로움이 모여 세상을 아름답고 흥미진진하게 만든다는 걸 누구보다 잘 알고, 개성이 펄펄 넘치는 사람을 보면 선망의 눈빛을 보내던 내가 그런 생각을 했다. 나는 이런 나의 마음을 알아차리고 적잖은 충격을 받았다. 아이고, 모든 아이가 다 천편일률적으로 '부모가 바라는 자식의 상'을 가진다면 이 세상은 얼마나 무시무시할까. 나는 소름이 돋아난 팔을 손바닥으로 문질렀다.

어느 정도 자라난 내 아이의 본잎은 나와 다르고 남편과도 다르다. 물론 다섯 갈래의 잎이 나는 식물의 씨앗은 반드시 다섯 갈래의 본잎을 내는 것처럼 아이는 우리 부부를 닮을 수밖에 없다. 나와 남편의 생각이나 사상, 태도, 생활 습성이 내 아이의 토대가 되기 때문이다. 하지만 아이는 이 토대 위에서 타고난 기질과 독특함을 무럭무럭 키워 독창성을 내뿜는 자신만의 본잎을 만들어가고 있다. 때때로 서로의 특이점들이 부딪혀 아플 때면 상대의 모양을 바꾸고자 부단히 설득해보기도 하지만, 이미 나온 본잎의 모양은 바뀌지 않는다. 그리고 그것이 순리이고 자연스러운 일이다.

부모는 너무 가까운 사이라 아이의 기질과 성질을 객관적으로 보기가 어렵다. 그러므로 나와 다르다는 이유로 가로막고 있는 아이의 기질은 없는지, 사랑에 눈이 멀어 바로잡아야 하는 부분을 놓치고 있지는 않은지 살펴야 한다. 다른 사람이나 자신을 긁지 않도록 둥글려줘야 하는 특질과 조금 더 도드라질 수 있도록 격려해야 하는 특질을 잘 분리해야 한다는 것을 떡잎 사이를 비집고 나오는 작은 이파리를 보면서 생각한다. 종종 그 사실을 잊어버리고 다그침과 잔소리를 쏟아내는 게 문제지만 괜찮다. 나는 파종하는 인간이니까. 내가 심는 씨앗이 싹을 내고 영양분을 쭉쭉 빨아들여 결국 자기만의 정체성을 가득 담은 본잎을 내는 순간을 계속 볼 테니까. 그리고 그 순간마다 내 아이의 진면목을 떠올릴 수 있으니 말이다.

바질의 본잎

부채 모양 떡잎 사이로 반듯한 언덕 모양의 첫 본잎을 낸 스위트 바질입니다.
아이들은 부모로부터 물려받은 토대 위에서 타고난 기질과 개성을 버무려
자기만의 고유한 본잎을 만들어냅니다.
각자의 독창성을 마음껏 뽐내는 다양한 모습들이 얼마나 어여쁜지요.

온실 속 화초를 내보내기까지

식물을 키울 수 있는 바깥 공간이 있다는 것은 식물 키우기의 스펙트럼이 확장되는 일로 식물 집사라면 모두가 열렬히 바라는 바다. 우리 집은 옥상이 있다. 옥상에서 해와 바람에 노출되어 근육질이 된 나무나 벌이 놀러 온 꽃 사진을 올리면 식물 친구들은 한결같이 옥상이 있어서 좋겠다고 말한다. 땅의 힘을 받을 수 있는 마당과는 비교가 되지 않지만, 어쨌든 옥상도 지붕으로 가려지지 않은 땅인 노지이기 때문이다. 사실 우리나라의 변화무쌍한 계절을 감당하면서 식물을 잘 키우려면 마당, 옥상, 베란다, 온실이 전부 다 필요하다. 하지만 현실적으로 그것은 불가능하기에 나는 작은 옥상만으로도 감지덕지한다.

노지의 장점은 바삭바삭한 햇빛을 원 없이 쬐어줄 수 있다는 점, 식물에 보약 같은 비를 충분히 맞힐 수 있다는 점, 추위를 겪어야 하는 식물을 키울 수 있다는 점, 통풍에 따로 신경 쓰지 않아도 된다는 점, 낮과 밤의 온도 차가 식물의 색을 아름답게 만들어준다는 점 등등 여러 가지다. 무엇보다 가장 큰 장점은 식물을 튼튼하게 키울 수 있다는 것이다. 비록 화분 신세지만 바깥에서 사는 식물들은 단련이 되어 어지간한 난관에는 끄떡없다. 아무리 긴 장마가 계속되어 화분의 흙이 마를 새가 없어도 뿌리가 썩어 죽는 경우는 극히 드물다. 실내에 둔 화분은 열흘에 한 번 물을 줬을 뿐인데도 축축한 흙이 마르지 않아 흙에 곰팡이가 생기고, 결국 식물 줄기가 물러 고꾸라지는 경우까지도 생기는데 말이다.

　하지만 고충도 만만찮다. 외부 환경이다 보니 벌레의 공격에 시달리고, 애써 키운 열매를 새들이 모조리 따 먹거나(꼭 똥까지 싸놓고 떠난다) 화분의 흙을 파헤쳐놓기도 한다. 또 식물이 타격을 입을 수 있는 직사광선, 비, 바람, 온도에 일일이 신경을 곤두세워야 하는 것도 보통 일이 아니다. 여름에는 그늘을 만들어주어야 하고, 겨울에는 옥상의 화분 대부분을 실내 어딘가로 들여놓아야 한다는 것도 문제다. 게다가 봄이 오면 들여놓았던 식물들을 다시 밖으로 '적응시켜가면서' 내놓아야 한다는 점이 복병이다. 적응시켜야 하는 까닭은 만물이 소생하는 봄이 식물에는 큰 위협이기 때문이다.

한겨울의 모든 설움을 한 방에 날려주고 생명을 움트게 하는 위대한 봄의 햇빛! 하지만 이 찬란한 봄의 햇빛에 초주검이 된 식물이 한둘이 아니며, 그 모습을 보는 내 마음 또한 너덜너덜해졌다. 봄볕은 며느리를 쪼이고 가을볕은 딸을 쪼인다는 속담이 그냥 생겨난 말이 아니라는걸 깨달았다. 옥상이 있는 집에서 보내게 된 첫해, 이듬해, 그 다다음 해까지도 봄마다 식물들이 죽거나 힘들어했다. 처음에는 왜 그런지도 몰랐다. 원인을 알고 나서도 시행착오를 겪었다. 모든 것은 '적응'의 문제였다.

겨우내 안전한 실내에서 자란 식물들을 완연한 봄인 4월에 옥상으로 내보내면 썰렁한 밤 기온을 못 버티고 죽어버렸다. 내놓는 시기를 점점 더 미루어 어느 해에는 5월에 내놓았더니 웬걸, 동사가 아니라 열사로 죽어버리는 것이 아닌가. 태양은 호락호락하지 않다. 무정한 햇빛은 실내에서 태어난 잎과 줄기만 귀신같이 골라서 사정없이 작살을 냈다. 바깥을 겪어보지 않은 잎들은 갑작스러운 눈부심과 건조한 봄바람에 바스러졌다. 타버린 잎들에 대한 안타까움과는 별개로 나는 진심으로 감탄하였다.

나는 옥상 가드닝을 하면서 '온실 속 화초'라는 말을 완벽하게 체감했다. 비와 바람, 극명한 낮과 밤, 태양의 열기를 피해 실내에서 곱게 자란 식물이 밖에 나왔을 때 겪는 혹독한 고초를 수년간 목격하였다. 수많은 시행착오를 거친 지금은 나도 식물도 계절의 사이클에 어느 정도 대응할 수 있게 되었지만, 실내에서 태어난 식물의 첫 외출은 여전히 어렵다. 애초에 실내에서 첫 잎이 나고 자란 이른바 온실 태생들은 잎이 타서 바스러지는 게 문제가 아니었다. 밖으로 나가는 것 자체가 생사가 달린 일이기 때문이다. 하루라도 빨리 예쁘고 튼튼한 개체가 되기 위해서는 일찍 고초를 겪는 편이 낫다. 하지만 변화무쌍하고 무자비한 바깥을 견딜 수 있는 수준과 때를 판단하는 게 가장 어렵다. 자칫 내가 조금만 서두르면 식물은 회생 불가능한 치명타를 입는다. 그래서 내가 선택한 방법은 식물을 '조금 늦게' 내보내는 것이다. 겉보기에는 그사이에 더 많이 비어져 나온 잎과 줄기로 인해 더 심각한 타격을 받는 것처럼 보인다. 하지만 뿌리와 중심 줄기는 그만큼 더 자라고 두꺼워졌기 때문에 다시 회복하고 일어날 힘을 가지고 있다.

'온실 속 화초'라는 말은 육아에서도 자주 쓰인다. 처음에는 누구나 다 온실 속에서 아이를 키운다. 이토록 사랑스럽고 순수하고 약한 존재가 걱정스러워서 각자 최선의 온실을 만들고 그 안에서 보살핀다. 온실 문을 열고 아이를 세상 밖으로 내보낼 때는 정말 많은 고민 속에서 문을 열 시기를 정한다. 봄날에 화분을 옥상에 내놓을 때, 시간에 따른 햇빛의 각도를 생각하고, 해가 들고 나는 자리를 세심하게 따지고, 기온과 습도를 계속 확인하는 것처럼 말이다. 물론 사람과 상황에 따라서 그 온실 문을 일찍 열기도 하고 늦게 열기도 한다. 또 스스로 열기도 하고 어쩔 수 없는 외부 요인으로 열어야만 할 때도 있다.

나는 내 아이가 자라고 있는 온실의 문을 꽤 늦게 열었다. 굉장히 조금씩 문을 열어서 바깥 공기가 아주 조금씩 섞이도록 했다. 아이 혼자 온실 밖으로 나가보는 데까지 시간이 꽤 걸렸다. 지금도 아이를 온실 밖으로 내보낼 때는 대부분 내가 함께 나가고, 일정 시간이 지나면 온실의 문을 닫는다. 이런 걱정스러운 마음은 아이를 키우는 시간에 비례하여 점차 무던해진다. 아니, 무던해진다기보다 괜찮다는 걸 조금씩 알아간다는 게 맞겠다. 나는 그것이 다른 사람보다 훨씬 느렸다. 물론 나에게도 변명은 있다. 예상치 못하게 아이를 세상에 일찍 내놓았기 때문이다.

내 아이 은찬이는 1.5킬로그램으로 태어났다. 3킬로그램으로 태어난 신생아도 바스러질까 봐 안기가 조심스러운 마당에 그 절반만 한 아이는 어떻겠는가. 나는 작은 아이가 바람에 휘둘리다 쓰러질까, 태양에 노출되어 타버릴까, 추위에 오그라들까, 비를 오래 맞을까 늘 전전긍긍하였다. 지나가던 사람들이 다시 돌아볼 정도로 아이가 작고 말랐었기 때문에 더더욱 온실 속 화초처럼 키웠다. 치고받고 할 사촌도 없다시피 자랐으니 아이는 맞춤형 단독 온실에서 자란 것과 다름없었다. 아이를 데리고 배낭여행을 꽤 다녔지만, 그건 내가 옆에 있으니까 괜찮았다. 나는 내 시야에 아이를 두어야 안심했다. 세상이 너무 험했다. 걸려 넘어질 돌부리가 있을까, 마침 험한 동물이 지나가지는 않을까 한없이 걱정하였다. 매번 아이보다 한 발짝 앞서 걸으며 살펴볼 수는 없는 노릇인데, 그게 조금이라도 가능한 상황인지를 먼저 따졌다.

나는 본디 세심하고 걱정이 많은 사람이라서 다음다음 단계까지 생각한다. 그런 사람에게 아이가 생긴 것이다. 나는 훨씬 더 촘촘한 사람이 되어서 다음다음의 다음까지도 생각하려고 애썼다. 여러 가지 경우의 수를 따지고 그 경우마다 몇 단계를 더 생각해두었다. 일하면서도 24시간 동안 아이를 데리고 있었고, 부모님께 아이 목욕 한번 부탁드린 적도 없다. 어린이집도 보내지 않았다. 이토록 작고 마른 아이가 내가 없는 곳에서 몇 시간이나 보내야 한다는 것이 마음에 걸렸기 때문이다. 애를 어린이집에 보내면 얼마나 천국 같은 세상이 펼쳐지는지 친구가 30분이 넘게 설명할 때, 나는 알겠다고 대답하면서도 그렇게 할 생각이 없었다.

아이가 일곱 살이 되어서야 처음으로 집에서 몇 발짝 안 떨어진 초등 병설 유치원에 보냈다. 이듬해 아이는 그 유치원이 속해 있는 초등학교에 입학했다. 2분도 안 걸리는 곳이었지만 때맞춰 바래다

주고 마중 나가기를 5년이나 했다. 차를 어떻게 조심하는지, 골목 입구에서는 어떻게 살피는지를 매번 알려주었다. 세상에는 어린이 보호구역에서도 아무렇지 않게 속도를 내는 사람이 너무 많았기에 나는 그냥 유난 떠는 엄마로 사는 쪽을 택하였다. 아이가 5학년이 되어서야 중간쯤에 멈춰 서서 등교를 지켜보았고, 아이는 혼자 하교할 수 있었다. 아이가 학교 안으로 사라졌다가 뭔가를 잊었다며 다시 달려 나올 가능성이 없을 때 그제야 나는 돌아섰다. 아이가 올 시간이면 엉덩이가 달싹이다가 도어 록 소리가 들리면 그제야 마음의 평화가 찾아왔다. 가끔 아이의 귀가가 조금 늦어질 때면 창문을 열고 내내 골목 끝을 내다보다가 갑자기 모골이 송연해져서 뛰어나갈 때도 있었다.

이제는 아이의 온실지기가 된 지 15년이 넘었다. 아직도 온실의 문을 아예 열어놓고 살지는 못하지만, 이제는 꽤 자주 활짝 열어두고 있다. 한때는 아이를 빨리 온실 밖으로 내보내야 한다고 생각하며 초조해했다. 그것이 아이에게 도움이 된다고 생각했기 때문이다. 하지만 현실의 나는 아이를 온실 속 화초처럼 키우는 엄마의 표본이었고, 때때로 그런 나를 한심해하고 자괴감을 느꼈다. 별일 없다는 것을 알게 된 지금에서야 자책과 걱정으로 힘들어했던 내가 안쓰럽게 느껴진다. 온실에 좀 오래 있으면 어때서, 천천히 밖으로 나가면

뭐가 어떻다고 그렇게 자책하고 조급해했는지 모르겠다. 맞춤형 온실에서 똑같이 시작한 식물이라도 유독 오래 걸리는 개체들이 있다. 모든 식물이 똑같이 자라서 동시에 온실 밖으로 나가는 것이 아닌데 하물며 아이들은 오죽할까.

'모두 각자의 사정이 있다'는 말은 아이를 키우고 나이를 먹어가면서 내가 더더욱 염두에 두는 말이다. 처한 상황이 모두 다르기 때문에 섣불리 판단해서는 안 되고, 그 판단의 기준 또한 모두 다를 수밖에 없다. 예를 들면 이가 약한 아이는 초등학교 6학년이더라도 부모가 꼼꼼하게 이를 닦아주는 것이 더 낫고, 마른 아이는 엄마가 더 떠먹여도 괜찮다. 누군가는 혼자 노는 것이 더 재미있을 수 있고, 누구는 경쟁을 못 견딜 수도 있다. 누구는 맨 앞에서 앞서가는 것이, 누구는 맨 뒤에서 느긋하게 따라가는 것이 성미에 맞다.

부모는 너무 일찍부터 전전긍긍한다. 누군가는 온실 속에서 오래 머물고, 누군가는 일찍부터 햇빛에 노출되어 자란다. 하지만 결국은 비바람이 몰아치고 직사광선이 따갑게 내리쬐는 세상에서 모두 만날 것이다. 아이들은 어차피 적응할 것이며, 견뎌내야 하는 어려움이 각자에게 주어질 것이다. 다들 온실 밖으로 먼저 나갔다고 성급하게 따라나설 필요는 없다. 상황에 따라서는 온실에서 충분히 머물러 조금 더 야물어지는 것이 어려움을 맞서기에 더 수월할 수도 있다. 그러므로 이번 봄까지는 온실에 있어도 괜찮다. 어차피 봄은 또 온다.

햇살을 받는 집 안의 화초

옥상에서 태풍까지 견디며 사는 식물이 있고,

실내에서 안온하게 자라는 식물이 있습니다.

태풍을 일찍 경험한다고 더 강해지는 것은 아닙니다.

온실에서 길게 머문다고 더 약해지는 것도 아니고요.

누구에게나 각자의 사정이 있습니다.

상황에 따라 충분히 시간을 보내도 괜찮습니다.

자랄 때가 되어야
자란다

식물을 여럿 키우는 사람이면 열에 예닐곱은 키우는 몬스테라. 나는 버티고 버티다 2018년이 되어서야 몬스테라 키우기에 동참했다. 생각보다 크게 자란다는 걱정이 멋진 몬스테라 사진을 볼 때마다 점점 동경하는 마음으로 바뀌었기 때문이다. "그래, 저렇게 멋지고 커다란 식물이 거실에 딱 있어야 식물 좀 키우는 집 같지" 하며 결국 집의 크기는 아랑곳없이 몬스테라를 데려오고 말았다. 그렇다고 덥석 큰 녀석을 데려온 것은 아니고, 내가 늘 식물을 선택할 때의 방식대로 최대한 어린 녀석으로 골랐다. 버터링 쿠키만 한 석 장의 잎을 달고 있는 컵케이크만큼 작은 크기의 아기 몬스테라였다. 요 귀염둥이가 우람한 몬스터로 성장할 모습을 생각하니 괜스레 나까지 웅장한 기분이 되었다.

그런데 어찌 된 일인지 한 달이 지나고 두 달이 지나도 새잎이 나올 조짐은커녕, 그나마 달려 있던 버터링 쿠키마저도 자라지 않았다. 분갈이하면서 분명히 뿌리가 괜찮은 걸 보았는데, 뭐가 잘못된 거지. 미세하게 잎이 커지고 있는 건가? 이럴 줄 알았으면 데려온 날 잎 크기라도 재둘 걸 싶었다. 나의 걱정을 들은 식물 친구들은 "이렇게 아기는 처음 봤지만, 몬스테라라면 잘 자랄 텐데요"라고 하였다. 내가 할 수 있는 건 기다리는 것뿐이었다. 그래도 그 작은 잎이 증산 작용을 하긴 하는 건지, 이따금 잎끝에 물방울이 맺혀 있기도 했다. '좋았어! 죽은 건 아니야! 물을 빨아올리긴 하잖아.' 그런 상태로 무려 6개월이 지났다. 변화가 없는 식물을 내내 지켜보는 건 생각보다 힘들다. 게다가 이건 몬스테라이지 않나! 워낙 열망하던 녀석이라 인내심을 모조리 끌어모아 반년이나 얼음 상태인 애를 지극정성으로 돌보았지, 다른 식물이었다면 어림도 없을 터였다.

몬스테라가 우리 집에 온 지 7개월이 지날 무렵, 드디어 가운데 잎의 줄기가 통통해지면서 새잎의 시초가 될 만한 어떤 것이 생겼다. 반년이 지나서야 아기 몬스테라는 초코파이만 한 크기의 잎을 펼쳐 보였다. 그 네 번째 잎을 필두로 줄줄이 잎을 내더니 지금은 박제라도 해놓고 싶을 만큼 멋지게 갈라진 스물두 번째 잎까지 나온 상태다. 네 번째 잎과의 크기 차이는 깻잎과 맨홀 뚜껑 정도다.

잊을 만하면 돌연 성장이 멈추어 내 속을 태우는 식물이 어김없이 등장한다. 매년 돌아가면서 나의 인내심 테스트를 거르지 않는 걸 보면 식물들이 밤마다 모여 작당하고 순번을 정하는 것일까. 미라가 될 작정이냐, 우리 집하고는 안 맞는 것 같다, 유전자 변형 씨앗 아니냐, 네가 나한테 이럴 수 있냐, 뭐가 문제인지 꿈에서라도 알려다오, 다시는 키우나 봐라 등등 나는 식물이 속을 썩일 때마다 식물을 향해 이렇게 온갖 말들을 씩씩거린다. 하지만 결국 내가 할 수 있는 건 기다리는 것뿐이다. 꼼짝도 하지 않는 식물이 항상 갑이다. 이 녀석이 어디서 갑질을 하나 싶어도 나는 언제나 을의 위치일 수밖에 없는 식물 집사다.

기쁨의 눈물을 흘리며 오랜 기다림 끝에 성장한 식물 사진을 올릴 때마다 식물 친구들은 제 백묘국은 왜 이렇게 안 클까요?, 우리 몬스테라도 이렇게 자라줄까요?, 이 베고니아가 지난번에 나눔 받았던 그 애라고요? 뭘 어떻게 해줘야 이렇게 자라요? 하고 내게 묻는다. 그때마다 내가 눈물을 싹 닦고 통달한 듯이 하는 말이 있다. "자랄 때가 되어야 자라더라고요." 그 말을 들으면 모두가 한결같이 고개를 끄덕이면서 조급한 마음을 버리고 기다려야겠다고 말한다. 하지만 육아의 세계에서는 그렇게 평온하기가 힘들다. 나 역시 여유로운 마음을 갖기가 힘들었다. 그런 말을 하는 사람들은 다 보란 듯이 잘 자란 아이들의 부모들이니까. 당신들이 내 속을 어찌 알겠소!

애초에 내 아이와 시작점이 달랐던 아이의 부모가 말하는 '자랄 때가 되면 자란다'는 말은 위로는커녕 긍정의 신호조차 되지 않았다.

은찬이는 뱃속에서부터 잘 자라지 않았다. 내 문제였지만 나에게서만 끝나지 않고 고스란히 아이의 성장에 영향을 미쳤다. 그래서 임신 24주부터 잘 자라지 않는 아이를 34주에 일부러 꺼내야 했다. 예정일 6주 전, 차마 쓰기 힘든 험난한 과정을 거친 후 만난 내 아기는 1.56킬로그램에 44센티미터로 34주치고도 한참 작았다. 병원에서는 아기의 체중보다 엄마의 배 속에 있던 기간이 중요하다고 전부터 나를 안심시켰지만, 내게는 아기의 체중도 중요했다. 큰 피부를 대충 걸쳐 입은 것 같은 내 아기, 은찬이의 다섯 손가락은 내 새끼손가락 끝 한마디를 다 감싸 쥐지 못할 정도로 작았다. 거기에 얇은 비닐 같은 손톱이 보란 듯이 붙어 있는 게 신기했고, 관절마다 용케 주름이 잡혀 있는 것도 장하게 느껴졌다. 가느다란 다리 끝에 달린 반질반질한 발은 내 엄지손가락보다도 작았는데 그 작은 발에는 몹시 귀여운 복숭아뼈까지 솟아 있었다. 있을 건 다 있었다. 단지 모든 것이 말도 안 되게 작을 뿐이었다.

한 달의 시간이 꾸역꾸역 지나 아기는 2킬로그램이 되어 집으로 올 수 있었다. 24시간 내 아기를 지켜보고 돌볼 수 있는 상황이 되자 마음은 더없이 편해졌다. 하지만 잠 못 자는 데는 장사가 없었다. 만신창이가 된 몸의 고통은 정신력만으로 버텨낼 수 있는 게 아니었다. 게다가 진짜 고난은 따로 있었다. 마르고 작은 아이와 그 아이를 낳은 엄마에게 세상은 만만치 않았다. 이건 내가 미처 상상하지 못했던 세상이었다. 은찬이는 누가 봐도 깜짝 놀랄 만큼 작고 말라서 아는 사람 모르는 사람 할 것 없이 모두가 은찬이를 보면 화들짝 놀랐다. 아마 나라도 놀랐을 것이다. 아이가 걸으면서부터는 본격적인 눈총이 시작되었다. 여름에는 사람들이 얇고 짧은 여름옷을 입은 아이를 자기도 모르게 한 번 더 쳐다봤고, 여럿이서 숙덕거렸다. 지나가던 노인들은 참지 못하고 나 들으라는 듯이 마른 아이를 꾸짖기도 했다. 미용실을 가도, 식당을 가도, 놀이터를 가도 세상의 모든 사람은 아이가 왜 이렇게 말랐냐고 한마디씩 보탰다. 또 많은 이들이 잘 알지도 못하면서 은찬이를 '약한 아이'라고 했다. 여행을 가면 참새 같은 다리로 대여섯 시간을 내리 걷는 체력이 있고, 감기도 1년에 한 번 걸릴까 말까 했지만, 단지 말랐다는 이유 하나로 약한 아이라는 딱지가 들러붙었다.

은찬이의 몸무게는 정말 지독하게 안 늘었다. 나는 점점 더 아이 몸무게에 집착할 수밖에 없었다. 게다가 아이의 한 입은 너무 작아 제 몫을 다 먹이려면 60번은 떠먹여야 했다. 눈물이 쏙 빠지게 오래 걸렸다. 내내 수저를 들고 있느라 어깨가 불에 지진 듯 아팠지만 내

어깨는 온종일 쉴 틈이 없었다. 그런데도 몸무게가 1년에 1킬로그램 밖에 늘지 않는 해가 다반사였다. 내가 단 하루에 늘릴 수 있는 1킬로그램이 은찬이에게는 365일이 걸렸다. 이런 와중에 키는 조금씩 자라 아이는 엿가락을 늘이는 모양새가 되어 점점 더 말라 보였다. 매일 저녁을 먹고 나면 몸무게를 재는 게 순서였다. 그때가 하루 중에서 가장 무거운 순간이기 때문이다. 어제보다 조금이라도 몸무게가 늘어난 날에는 아이와 기쁨의 하이 파이브를 했다.

나와 남편의 작은 소망은 아이의 키와 몸무게가 '성장 백분위 표' 안으로 들어오는 것이었다. 성장 백분위 표는 개월 수대로 신체 사이즈와 체중이 3%부터 97%까지 빽빽하게 적혀 있는 표다. 은찬이의 키와 몸무게는 언제나 표의 밖에서도 한참 먼 어딘가에 있었다. 3%라도 되면 좋겠다는 나의 말에 친구는 아무도 들여다보지도 않을 표에 왜 집착하냐고 했다. 자기 애는 가끔 병원에나 가야 키와 몸무게를 재본단다. 누군가는 그런 세상에서 살아가는 것이다. 의사는 이 표의 하위 3%와 상위 3%는 비정상이라고 했다. 그러니까 나는 비정상인 3%를 이다지도 열망하는 것이었다.

이런 아이에게 대단한 일이 생겼다. '딸깍!' 하고 몸속 어딘가의 몸무게 스위치가 켜진 것이다. 아이가 초등학교 6학년이 되자 느닷없이 몸무게가 늘기 시작했다. 똑같이 먹고 똑같이 운동하고 똑같이 자는데 왜 몸무게가 늘지? 어떻게 된 일이지? 매일 체중을 재면서 아이도 남편도 나도 눈을 동그랗게 뜨고 매번 같은 말을 했다. 1년에 겨우 1킬로그램 늘어날까 말까 하던 체중이 6학년을 보내는 동안 무려 9킬로그램이나 늘었다. 드디어 그토록 열망하던 표에 진입할 수 있었다. 아슬아슬하게 표 안으로 들어온 몸무게는 한 끼만 걸러도 밀려날 듯이 위태로운 숫자였지만, 어쨌든 그걸 보는 건 우리의 작은 소망이었다. 이 행진을 멈추지 않고 평균에 근접했으면 좋겠다는 생각이 들었지만, 평균보다 훨씬 아래인 몸무게조차도 엄두를 못 낼 큰 숫자였기에 나는 그쯤에서 만족하기로 하였다.

은찬이가 중학생이 되던 해, 하필이면 코로나19 유행이 시작되었고, 아이가 학교에 가는 날이 드물었다. 할 게 없던 우리는 날마다 산에 올랐고, 등교를 안 하니 잠도 매일 늘어지게 잤다. 봄이 지날 무렵 아이에게 변화가 시작되었다. 이른바 2차 성징이었다. 목소리가 조금 변하고, 얼굴도 아기 티를 한 꺼풀 벗는 것 같았다. 나도 남편도 각자의 급성장기에는 키가 1년에 12센티미터씩 자랐기에 은찬이도 이제 좀 자라주려나 하는 기대를 품었다. 우리는 은찬이의 몸이 급성장기에 대비하려고 급히 체중을 늘린 게 아닐까 하는 합리적 의심을 했다. 아니나 다를까, 여느 때처럼 한 달에 한 번씩 피아노 옆의 벽에서 키를 쟀는데, 잴 때마다 아이는 자라 있었다. 인체의 신비는 언제나 상상 초월이다. 아이도 신기하고 좋은지 최대한 허리와 목을 늘리며 키를 쟀다.

"은찬이 키가 드디어 평균이 되었어!" 그해 겨울, 태어날 때부터 아이의 체중과 키를 매달 기록했던 남편이 소리쳤다. 아이의 키가 백분위 표의 50%에 도달했다는 것이다. 도저히 도달할 수 없을 것이라고 여겼던, 까마득히 멀기만 했던 그 평균에 말이다. 우리의 말에 은찬이는 큰소리로 "내가 평균이 되었다고?" 하고 달려왔고, 우리는 아주 오래간만에 하이 파이브를 했다. 비록 몸무게는 여전히 표의 가장 끝에 간신히 매달려 있었지만 말이다.

아이는 13년 만에 평균이 되었다. 말 그대로 피, 땀, 눈물로 이뤄낸 값진 평균이었다. 나는 잠깐 고개를 숙이고 몰래 눈물을 찍어냈다. 그간 나의 고충이 주마등처럼 스쳐가서가 아니라 아이가 가엾어서였다. 식사 때마다 내가 쏟아냈던 험한 말들과 협박과 짜증이 고스란히 떠올랐다. 아는 사람은 물론 모르는 사람에게까지도 숱하게 들었던 타박으로 아이는 한이 맺혔을 테고, 가장 큰 원인 제공자는 나였을 것이다. 변명하자면 나는 나대로 늘 마음고생했고, 모두가 미웠다. 부모님의 한마디에도 상처를 받곤 했다. 당신도 마른 애를 키웠으면서 내 아이가 말랐다고 타박하는 것이 억울하고 서러웠다. 남편도 보기 싫었다. 밥을 삼키지 않고 계속 씹는다고 은찬이를 나무랄 때 남편이 꼭 내 말을 거들어 함께 아이를 혼내는 것이 미웠다.

애 편을 들어 주던가 가만히나 있지, 왜 굳이 같이 혼내는지 야속했다. 의사들도 미웠다. 상담할 때마다 잘 차려 먹이라며 조언했는데 밥도 잘 안 차려주는 엄마가 영양 상담을 왜 받고 있을까? 아이를 가장 잘 먹이고 싶은 사람 순위를 가린다면 압도적 1위가 엄마인 나 아니겠는가.

나의 기분은 아이가 잘 먹은 날과 잘 먹지 않은 날로 극명하게 갈렸다. 어쩌다 장염이라도 걸리면 아이는 2킬로그램이나 빠졌고, 다시 복구시켜야 한다는 부담이 나를 짓눌렀다. 모든 음식은 아이 위주로, 은찬이가 맛있게 먹은 것만 기억하고 잘 먹는 음식만 만들었다. 나는 아이가 잠드는 밤이 되어서야 내가 먹고 싶은 것을 만들어 꾸역꾸역 먹었고, 스트레스 때문인지 점점 자극적인 음식을 먹어야 성에 찼다. 아이는 저토록 말랐는데 나는 자꾸만 살찌는 엄마가 되어갔다. 이런 숱한 날들이 있었다. 마르고 작은 아이, 부족한 아이는 모두 엄마의 탓이라는 세상에서 처절하게 홀로 외로웠던 날들이.

중학교 1학년이 끝나기도 전에 아이의 몸무게 스위치는 꺼졌다. 꺼질 때도 느닷없었다. 그때부터 2년째 아이의 몸무게는 그대로다. 1년에 1킬로그램이라도 늘던 시절을 그리워할 줄이야. 키는 계속 크는 덕분에 은찬이는 다시 갓 태어난 기린처럼 마르고 긴 몸이 되었다. 지금은 나보다도 키가 커졌는데 몸무게는 20킬로그램이나 차이가 난다. 그러니 얼마나 마른 것인가. 그래도 이제는 예전처럼 전전긍긍하지 않는다. 운동을 잘하고 밥도 잘 먹으니까 괜찮다고 생각한다. 그리고 꼭 필요할 때가 오면 몸무게 스위치가 다시 작동할 것을 믿는다. 가끔 식사 중에 열심히 밥을 먹는 아이를 물끄러미 바라볼 때가 있다. 그러다 남편과 눈이 마주치면 서로 슬쩍 웃고 다시 밥을 먹는다. 이심전심이리라.

식물이 자랄 때가 되면 자라는 것처럼, 아이도 마찬가지인가 보다. 내가 아무리 발을 동동 구르고 다그친들 성장 스위치는 꿈쩍도 하지 않는다. 엄마가 할 수 있는 일이라고는 때가 되었을 때 모든 것들이 순탄하게 잘 작동할 수 있도록 보살피면서 기다려주는 것밖에 없다. 진작 알았더라면 나도 아이도 긴 시간을 힘들지 않게 보낼 수 있었을 텐데, 깨달음은 항상 뒤에 따라온다. 잘 자라지 않는 아이를 키우느라 나처럼 애쓰고 고민하는 외로운 엄마들이 많다는 것을 안다. 그리고 이 글만으로 위로가 되지 않는다는 것도 잘 알고 있다. 성장한 아이의 엄마가 하는 말은 희망이 되지만, 한편으로는 남의 일일 뿐이라는 것을 너무 절절하게 알고 있다. 그래도 아이가 남들 눈에 엇비슷해지는 데까지 13년이나 걸린 엄마의 말이니까 누군가에게 작은 위로라도 되었으면 하는 바람으로 썼다. 나처럼 지나간 시간을 안타까이 여기는 일이 없길 바란다. 모진 소리를 한다고 아이

는 더 자라지 않는다. 지금 당장 고난의 짐을 내려놓고 아이를 보고

웃는 부모가 되기를 바란다.

몬스테라

그토록 애태우던 아기 몬스테라가

지금은 입이 떡 벌어질 정도로 우람하게 자랐습니다.

아이의 성장을 책임지는 부모는 때때로 모질고 힘든 시간을 보냅니다.

기다리는 일은 언제나 제일 힘들지요.

그러므로 그 시간은 사랑하는 아이의 웃음으로 가득 채우는 수밖에 없습니다.

육아의
외로움에 대하여

몇 달이나 각오를 다지고 다진 끝에 간신히 마음을 먹고 책장 정리를 하려던 참이었다. 그런데 별생각 없이 어릴 적 사진첩을 괜히 한번 들춰보는 바람에 아예 자리를 잡고 앉아버렸다. 사실 책장 정리야 언제든지 할 수 있는 것 아닌가. 사진첩을 넘길 때마다 들러붙어 있던 비닐이 떨어지며 쩍쩍 소리가 났다. 그 소리를 들으니 마치 오랜 시간 봉인되어 있던 추억 상자가 열리는 것처럼 느껴졌다. 필름 카메라 시대의 한계로 어릴 때 사진이 많지는 않지만, 그래도 운동회나 소풍, 입학과 졸업식, 가족 행사가 있는 날에는 사진을 남겼다. 그리고 남은 필름을 소진해야 인화를 할 수 있으니까 집 안팎 곳곳에서 사진을 찍었는데, 덤으로 찍은 그 자투리 사진들이 원래 찍었던 사진보다 더 소중할 때도 있다. 그런데 어릴 적 사진을 보다 깜짝 놀라고 말았다. 내가 기억하던 것보다 식물이 너무너무 많아서였다. 여름이고 겨울이고, 거실과 방, 마당이건 창틀이건 온통 식물이 있었다. 게다가 식물의 절반 이상은 무려 대형 화분이었다.

대체 엄마는 식물을 얼마나 많이 키웠던 거야. 그런데 이건 요즘에도 구하기 힘든 식물 아닌가? 세피아 톤으로 빛바랜 사진 속을 찬찬히 들여다보니 요즘에도 인기인 식물이 한둘이 아니었다. 역시 아는 만큼 눈에 보인다고 이제야 식물들이 눈에 들어왔다. 사진 속 도자기 화분을 보며 얼마나 무거울까 생각하자마자 개구리 다리 모양으로 허리는 반쯤만 편 채로 마당과 집 안을 수십 번 왕복하며 화분을 나르던 엄마의 모습이 영화처럼 떠올랐다. 서리가 내릴 즈음 마당의 화분을 모두 집 안으로 들이는 노동을 엄마도 했었구나. 화분을 들 때마다 엄마가 작게 기합을 넣고는 엉거주춤한 자세로 재빠르게 움직이던 모습이 선하다.

어릴 적 식물을 키우는 것은 오로지 엄마만의 취미였고 일이었다. 아빠는 물론이고 매정한 두 딸은 엄마의 식물에 큰 관심이 없었다. 가끔 내가 노랗게 된 잎을 따버리거나(이건 지금도 집착적으로 하는 것이다), 엄마가 꽃이 핀 식물을 보여주면 그저 잠깐 감탄할 뿐이었다.

식물 키우기는 철저히 엄마의 영역이었다. 지금과 비교할 수 없을 정도의 집안일을 하면서 엄마는 어떻게 그 많은 식물을 키웠을까. 게다가 엄마는 이른바 '금손'이라서 식물을 키우기만 하면 대품으로 만들었다. 또 죽어가거나 버려진 식물을 지나치지 못하고 집에 가져와 살려놓는 것이 엄마의 특기였기에 식물은 계속해서 늘어만 갔다. 겨울이면 집 안으로 들인 화분이 실내 공간을 온통 차지했고, 화장실이 좁아져서 불편해 죽겠다는 가족들의 타박은 겨울철 단골 멘트였다. 하지만 엄마의 식물은 너무 잘 자랐고, 집은 매년 좁아졌다.

내가 어른이 되고 식물을 키우게 된 이후에 여행으로 집을 비우면 엄마는 반드시 우리 집에 와서 식물에 물을 주고 갔다. 한 달쯤 집을 비우면 한 시간 반이나 걸리는 거리를 최소한 두세 번은 다녀갔다. "괜찮대도! 힘들게 왜 거기서 물 주러 왔다 가는데?"라는 나의 타박도 소용없다. 엄마는 기어코 식물에 물을 주고, 온 창문을 열어 바람을 쐬어준 후 다시 한 시간 반을 돌아갔다. 나중에는 내가 무어라 할까 봐 아예 말도 안 하고 다녀갔다.

반면에 나는 엄마의 식물에 신경 쓰지 않았다. 나보다 네 배는 많은 엄마의 식물은 엄마가 집을 비우면 그곳에서 마냥 엄마를 기다렸다. 엄마가 수술하고 입원했던 긴 기간에도 나는 엄마의 식물을 돌봐야 한다는 생각은 미처 하지 못했다. 생각했더라도 엄마의 식물 때문에 왕복 세 시간의 거리를 움직일 수는 없었을 것이다. 퇴원하는 날, 엄마가 옷을 갈아입으면서 혼잣말로 식물 걱정하는 소리를 얼핏 듣고서야 나는 아차 하였다. 엄마는 병원에서 식물 걱정이 한가득했을 텐데 집에 들러 식물을 봐달라는 부탁 한 번을 하지 않았다. 여태 그래왔듯 엄마의 식물은 엄마만의 일이었다.

오로지 혼자서 식물을 키웠던 엄마가 얼마나 외로웠을까 이제야 생각해본다. 가족 누구도 자신이 정성껏 키운 식물에 별 관심을 두지 않는 것은 어떤 마음일까. 엄마는 왜 조금도 강요하지 않았을까? 나는 하루가 멀다고 아이와 남편에게 꽃을 보아라, 잎을 보아라, 내 식물 사진을 보아라, 왜 더 감탄하지 않느냐, 화분을 옮겨라, 조심해라 하며 야단인데 말이다. 늦었지만 이제라도 엄마의 식물에 관심을 둔다. 나의 과장된 관심에 반색하는 엄마를 보며 그간의 엄마 마음을 헤아려본다. 초점도 안 맞는 식물 사진들을 내게 보내는 엄마의 모습을 보며 줄곧 외로웠겠다고 생각했다. 내가 조금 더 관심을 보일걸, 이름이라도 물어볼걸, 꽃이 핀 걸 한 번이라도 먼저 알아차릴걸. 하지만 엄마의 외로움이 식물뿐이랴. 엄마는 결혼하고도 외롭고, 자식을 낳고 기르면서도 내내 외로웠을 것이다. 혼자 식물을 키우면서 느끼는 외로움과는 비교도 안 되는 처절한 외로움을 엄마가 겪었으리라 짐작하는 것은, 내가 비로소 부모가 되어 그 외로움을 경험했기 때문이다.

아기를 키우는 일은 외롭다. 모르는 사람들은 머리에 물음표가 생길 수도 있겠지만, 육아를 해본 이들은 연신 고개를 끄덕일 것이다. 육아는 눈코 뜰 새 없이 바쁜데도 외롭다. 겪어본 자만이 아는 독특한 외로움이다. 처음에는 나도 이 감정이 외로움인지 몰랐다. 왜냐하면 외로울 리가 없으니까. 사랑스럽고 귀여운 내 아이랑 24시간을 찰떡같이 붙어 있는데 외로울 리가 없지 않은가. 아이가 예뻐서 주체할 수 없는 것과 별개로 어느 날은 외로워서 눈물이 날 것 같았다. 사람들에게 말하면 무어라 했을까. 누군가는 호르몬 때문이라고, 피곤해서 그런 거라고, 진짜 힘들고 바쁘면 그런 감정을 느낄 틈도 없다고 매몰차게 말했을지도 모르겠다. 새벽에 젖을 짜내면서 내가 펑펑 운 까닭은 자다가 일어나는 게 힘들어서도, 젖이 불은 가슴이 아파서도 아니었다. 햇빛이 반짝이는 환한 대낮에 발치에서 노는 아이가 나를 보며 방실방실 웃는 것을 보면서 문득 서러운 마음이 든 것은 그저 밖에 나가 놀고 싶어서가 아니었다. 그건 어떤 외로움 때문이었다. 꽃 같은 아이와 함께 있고, 남편이 살갑게 옆에서 챙겨주어도 나는 혼자 외딴 섬에 갇혀 있는 기분을 느꼈다.

나의 엄마는 노년 육아를 하였다. 맞벌이하는 언니의 아이를 신생아 때부터 도맡아 키웠다. 환갑에 다시 시작한 엄마의 육아는 10년이나 꼬박 이어졌다. 당시 나는 엄마가 얼마나 힘들지 예상하지 못했다. 그저 하루가 다르게 늙어가는 엄마의 모습을 보았고, 아프다는 말이 급격하게 늘어난 엄마의 목소리를 들었다. 보고 들으면서도 내가 어찌할 수 없어 그것을 그냥 넘겼다. 하지만 끝내 넘기지 못하고 내 마음에 걸린 것은 간간이 마주치던 엄마의 달라진 표정과 온도였다. 그게 얼마나 처절한 희생이었는지 조금이나마 알게 된 건 엄마의 노년 육아가 시작되고 6년 후, 내가 아이를 낳고 키우면서였다. 그리고 엄마가 점점 달라진 원인이 몸의 고단함보다는 외로움이었을지도 모른다는 생각은 훨씬 더 나중에야 하였다.

육아는 남이 짐작해볼 수 없는 영역이다. 어제 다르고 오늘 다르다. 육체적으로 굉장히 지친 채로 똑같은 하루하루를 보내는 것은 생각보다 훨씬 소모적이다. 모성애나 부성애로 간단히 덮을 수 있는 일이 아니다. 가뜩이나 아이에게 온 신경을 곤두세우는 것만으로도 지치는데 잠을 못 자니까 체력은 바닥을 친다. 사소한 것에도 짜증이 나고 침울해진다. 뒤이어 찾아오는 죄책감은 필수 코스다. 그 와중에 과거의 육아가 얼마나 힘들었는지, 또 그것에 그치지 않고, 지금 양육자는 얼마나 편한가로 귀결되는 '라떼 폭탄'은 나와 세상이 연결된 다리를 무너뜨린다. 가족이나 친구들의 무심한 한마디, 모르는 사람들의 차가운 시선, 엄마들을 싸잡아 후려치는 기사와 댓글은 마지막 남은 다리까지 무너뜨리고 나를 철저히 고립시킨다.

대체로 세상 모든 것은 겪어보지 않으면 알 수 없지만, 가장 알 수 없는 것 중의 최고봉은 육아가 아닐까 싶다. 바로 옆에 있다고 해도 주 양육자가 아니면 알 수 없다. 그 마음을 아무도 몰라주니까 참 외롭다. 옆에서 고스란히 지켜본들, 내가 아니고서는 절대로 알 수 없다. 그래서 엄마들끼리 수다를 떠는 것이다. 아무리 둘도 없는 친한 친구가 있대도 이때 가장 필요한 건 나와 최대한 비슷한 상황 또는 아이의 개월 수가 비슷한 다른 엄마들이다. 그들은 서로의 말을 들어주고 고개를 끄덕여준다. 각자 사정은 달라도 나의 고충을 그들도 겪어 알고 있으니까.

행복한 모습, 괜찮은 모습이어도 누군가는 외로움 속에서 견디고 있을 수 있다. 그리고 바로 옆에 있는 사람일지라도 짐작할 수 없다는 것이 이 외로움의 특이점이다. 물론 그 힘듦을 덜어줄 수 있다. 말할 기회를 주고 속마음을 들어주는 것만으로도 조금은 짐이 덜어진다는 것을, 공감을 해주는 것만으로도 외로움이 옅어질 수 있다는 것을 꼭 알아주면 좋겠다. 나의 마음 상태를 내가 사랑하는 사람이 알고 있다는 안도감, 나도 잘 이해가 안 되는 이 감정을 누군가는 공감한다는 위안이 외로움의 섬에서 나올 수 있는 유일한 통로다.

고광나무꽃

봄날의 고광나무에서는 상쾌한 향을 내뿜는
순백색의 꽃들이 쉬지 않고 피어납니다.
꿀벌도 끊임없이 찾아오고요.
우리의 일상은 매일매일 쉴 틈 없이 바쁘지만, 외로움 또한 부지런히 찾아옵니다.
외로움을 잘 다스리는 것도 나를 사랑하는 방법입니다.
가족과 친구들을 믿고 의지해보세요.

꽃을 기다리는 마음

이른 봄날의 화원에는 싹이 올라온 튤립 모종이 가득하다. 죽순처럼 단단한 싹이 올라온 구근 식물 모종이 화원 앞에 줄지어 있는 모습을 보면 괜히 흐뭇하다. 봄마다 튤립을 서너 개씩 사다 키웠다. 농장에서 대대적으로 키워서 잘라 파는 튤립도 한 다발씩 사다가 화병에 꽂아두고 감상하기도 했다. 하지만 튤립의 가장 아름다운 모습은 봉오리가 올라오는 순간이기 때문에 그 모습을 보기 위해서 모종을 산다. 튤립이 한두 개만 있어도 실내 분위기가 꽤 달라진다. 뻔하고 흐릿한 일상에 예쁜 물감을 톡 떨어뜨린 것만 같다. 그 색깔을 나누고 싶어 매일 조금씩 변하는 튤립을 찍어 친구들에게 전송하고 SNS와 블로그에도 올린다.

이제 나는 튤립 몇 송이로는 만족하지 못하고, 튤립을 떼로 키워야만 성에 차는 사람이 되었다. 튤립을 많이 키우려면 구근을 사서 심는 것이 좋다. 모종보다 저렴한데다 훨씬 더 다양하게 유통되기 때문이다. 구근을 파는 곳을 보니 튤립 종류가 어찌나 많은지 눈이 획획 돌아갔다. 나는 타샤 튜더라도 된 듯 한참의 고민 끝에 여섯 가지 색을 40개나 샀다. 그런데 껍질을 까고 소독 과정을 거치는 동안 내 부주의로 구근들이 섞이고 말았다. 당황스러웠지만 기왕 이렇게 된 것 오히려 좋다고 여겼다. 어디서 무슨 색이 나올지 지켜보는 재미가 있겠어!

식물의 성장은 언제나 경이롭다. 마늘처럼 보이는 알뿌리에서 '뾱' 하고 튀어나온 앙증맞은 초록 뿔은 하루가 다르게 자라나 잎이 된다. 서로를 감싸며 길게 자라는 튤립의 잎은 영화 속 여왕의 옷깃처럼 우아하다. 보얗게 분이 나는 질감에 기품이 있고, 단단한 잎 가장자리에 슬쩍 내비치는 곡선은 최고다. 하지만 튤립의 주인공은 역시 봉오리가 아닐까? 멋들어진 잎이 석 장이 되자마자 그 사이로 정중하게 모셔진 꽃봉오리가 슬며시 올라오는 모습은 범접할 수 없는 아우라가 있다. 한날한시에 태어난 튤립들은 각자의 속도와 역량대로 자라났다. 어떤 구근은 봉오리가 올라오는데 어떤 구근의 싹은 겨우 1센티미터였다. 또 어떤 것은 파죽지세로 자라서 위태로울 지경이었다. 이렇게 제각각으로 클 줄이야. 하지만 다양한 색과 높낮이로 인해 더 다채로워 보일 것 같았다. 어디에서 무슨 색의 꽃이 필까. 튤립의 진짜 꽃말은 '기대'가 아닐까.

튤립의 봉오리는 초록색으로 시작한다. 그리고 한동안 초록색을 계속 유지하기 때문에 키가 쭉쭉 자랄 동안에도 어떤 색의 꽃이 필지 모른다. 매실 같던 봉오리가 점점 커지면서 마술쇼가 시작된다. 꽃봉오리가 공단처럼 매끈하고 말갛게 변하면서 붓끝에 슬쩍 물감을 찍은 것처럼 색이 번져 내려오기 시작한다. 사실 그때조차도 어떤 색의 꽃이 필지 확신이 안 선다. 분명 살구색이라고 확신했는데 하루 이틀 지나면서 분홍색으로 바뀐다. 영락없이 빨간색이라고 생각했는데 보라색으로 변하고, 노란색인가 하였더니 복숭아색이다. 나중에 꽃봉오리는 비약적으로 몸집을 불리면서 주먹만 한 크기의 꽃으로 변신한다. 마법은 계속된다. 튤립은 흐린 날과 해가 쨍한 날의 색이 다르다. 햇살이 옆으로 누워서 비껴갈 때는 마치 불꽃을 담고 있는 연등처럼 보이기도 한다. 꽃이 시들면서도 점점 색이 바뀌는데 아직 보여줄 것이 더 남았으니 끝까지 지켜봐달라고 외치는 것 같다.

봉오리에 색이 번지기 시작할 때마다 이번 튤립은 무슨 색일까 맞추어보려는 아이를 물끄러미 바라본다. 청소년인 아이는 여전히 초록색 봉오리다. 나의 중학생 시절을 떠올리면 그게 당연하다는 것을 알면서도 이제는 아이가 자신의 색을 드러냈으면 좋겠다는 마음도 든다. 오히려 아이가 어렸을 때는 짐작 가는 색이 몇 개쯤 있었건만, 지금은 아이의 봉오리 안에서 무슨 색이 만들어지고 있는지 도통 알 수가 없다. 도대체 언제쯤이면 색을 내기 시작할까. 언제쯤 온전한 저만의 색을 가지게 될까. 일찍부터 색을 확연하게 드러내는 아이의 부모는 얼마나 속이 시원할까.

어떤 부모들은 아이의 색을 일찍이 정해놓는다. 일찌감치 이 색이 아니면 안 된다고 아예 못을 박아놓기도 한다. 진한 염색 물에 꽃을 담가 색을 인위적으로 바꾸는 것처럼 아이도 억지로 색을 입힐 수 있다고 생각한다. 자기가 갖고 싶었지만 갖지 못했던 색으로, 혹은 자신이 살아오면서 좋아 보였던 색깔로 아이의 색을 정한다. 앞으로 인기가 많을 것 같거나 지금 인기 절정인 색으로 정하기도 한다. 부모는 아이가 원하는 것이 없어서, 아이가 아직 세상 물정을 모르니까 등을 구실로 아이에게 더 유리한 쪽은 자신이 더 잘 안다고 내세운다. 자기가 원하는 색이 되리라는 기대감에 그것이 굉장히 부자연스럽다는 것을 인식하지 못한다. 하지만 우리가 익히 알다시피 내가 원해서 하는 것과 해야 한다고 주입받은 것을 행하는 마음은 하늘과 땅 차이다. 아무리 좋은 핑계를 붙여도 아이의 의지가 아닌 부모의 의지로 미리 색깔을 정하는 것은 어느 면에서는 폭력이다.

아이의 입장에서 부모의 결정은 너무나 막강하기 때문이다.

곰곰이 생각해보면 나는 성인이 되고도 한참 후에야 비로소 나의 색깔을 가지게 된 듯하다. 하지만 아직도 딱 집어서 어떤 색이라고 단정하기는 힘들다. 여전히 조금씩 변하고 있다. 그리고 그것이 자연스러운 일 아닐까? 환경이나 시간의 흐름에 따라서 튤립의 색이 변하는 것처럼 말이다. 나에게 좋은 것이 아이에게는 그렇지 않을 수 있다는 사실을 때때로 잊는다. 그래서 자식과 나는 전혀 다른 인격체라는 사실을 일부러 자주 끄집어내려고 한다. 예를 들어 내가 좋아하는 보사노바 음악을 들을 때마다 우리 엄마는 트로트를 좋아한다는 것을 한 번씩 떠올리는데, 꽤 효과적이다.

다채로운 튤립

튤립은 꽃봉오리가 만개하여 시들 때까지 마술처럼 다양한 색을 보여줍니다.

아이들도 생각과 취향이 성장하면서 자기 색깔을 끊임없이 찾아가지요.

부모는 아이가 자신의 색깔을 찾을 수 있도록 뒤에서 응원해주고,

내 아이가 보여줄 색깔을 기쁜 마음으로 기다릴 뿐입니다.

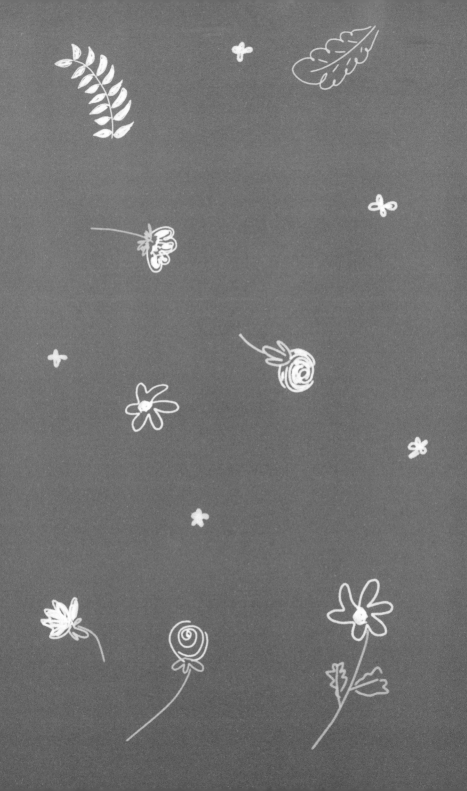

2장 여름

너도 나도 자란다

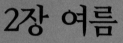

내 아이가 떠올릴
바질 페스토의 맛과 추억

식물을 하나둘 키우다 보면 키워서 먹을 수 있는 작물에 자연스레 관심이 기운다. 텃밭 가드닝을 꿈꾸게 되고, 작은 창문 앞에 둘 바질이나 애플민트라도 사게 된다. 시판 소스로 만든 파스타일지라도 바질잎 하나 올려 예쁘게 사진 찍을 수 있고, 몰디브는 못 가도 모히토는 만들어 먹을 수 있는 것 아닌가. 마당이나 옥상, 베란다가 있으면 아주 자연스럽게 채소 키우기의 세계로 발을 딛게 된다. 우리가 채소를 키울 때는 무슨 대단한 걸 바라는 게 아니다. 내가 마트에서 사 먹는 채소가 우리 집에서도 창조되는 모습을 보고 싶은 것, 그리고 그것을 거둬 한 끼를 먹는 특별한 경험을 바라는 것뿐이다. 베란다나 옥상이면 감지덕지, 현관이나 세탁실도 상관

없다. 조금이라도 빛이 들어오는 공간이 있다면 스티로폼 박스라도 놓고 채소를 키워 먹고픈 열망이 모두의 가슴 한편에 있지 않나.

텃밭 작물은 성장이 무척 빨라서 키우는 재미가 상당하다. 보통 봄부터 시작해서 여름까지 몇 개월 안에 상황이 종료된다. 하지만 부푼 꿈을 안고 시작한 사람이 결국 '그냥 사 먹고 말지'로 돌아서는 경우를 종종 보는데(나도 한때 돌아섰던 사람이다), 모종에 들인 비용에 비해 나오는 결과물이 너무 하찮아서 그렇다. 게다가 병충해 신경 써야지, 날씨 신경 써야지, 김도 매야지, 비료도 줘야지, 진짜 텃밭이라도 있었으면 큰일 날 뻔했다며 가슴을 쓸어내리게 된다. 채소를 키우다 보면 우리가 손쉽게 사 먹는 채소가 얼마나 저렴한지 절감한다. 친환경이나 무농약, 유기농 농산물의 가격에 수긍이 간다. 이처럼 신경 쓸 것도, 귀찮은 것도 많지만 그래도 키워 먹는 사람은 줄곧 키워 먹는다. 나와 내 식구가 먹을 채소를 직접 키운다는 것은 생각보다 굉장히 높은 차원의 기쁨이기 때문이다. 또 이렇게 짧은 시간에 이만큼의 결과물을 내놓는 신비로움을 우리가 어디서 볼 수 있단 말인가!

나도 옥상에서 여러 작물을 키웠다. 대부분 처음에 시작하는 작물인 잎채소, 고추, 방울토마토로 시작했으나 번번이 실패했다. 한여름에 가마솥처럼 뜨거워지는 우리 집의 옥상에서는 잘 자라지 못

하였다. 고추가 달려도 매우 질겼고, 토마토도 열상을 입어 툭툭 갈라져 터지기 일쑤였다. 환경에 잘 맞는 작물을 찾기까지 돈과 시간과 노동을 바쳤다. 시행착오 끝에 찾은 안성맞춤 작물은 바질이었다. 바질은 옥상의 뜨거운 열기를 견뎌내고 나에게 큰 기쁨을 안겨주었다.

　나의 첫 바질은 단지 귀엽게 생겼다는 이유로 우리 집에 오게 되었다. 허브를 먹을 줄도 몰랐던 가드닝 초창기에 텃밭용 채소 모종을 사면서 그저 예쁘기에 별 뜻 없이 집어 온 아이였다. 바질의 잎은 아주 잘 관리된 작은 언덕 같았다. 윤이 나는 깨끗한 연두색 잎은 조금만 건드려도 상큼한 향을 뿜어냈다. 애써 사다 심은 채소 모종들이 삶아놓은 것처럼 빠르게 녹고 있을 때 바질도 약간 풀이 죽어 있기는 했지만, 그래도 회복력이 좋았다. 아무래도 잎채소들과 달리 줄기가 버티고 있어서 회복이 쉽고 빠른 모양이었다. 바질은 햇빛이 바늘처럼 살갗에 꽂히는 여름날의 옥상에서도 무럭무럭 자랐다. 나는 저녁마다 물만 듬뿍 주면 되었다. 그저 향을 맡으려고 바질잎을 따서 식탁에 두기도 하고, 가끔은 파스타 위에 얹어보기도 했는데, 그 외에는 딱히 쓸 일이 없었다. 번성한 바질잎을 어찌 먹을 줄 몰라 관상용으로 키워버렸다. 바질은 한해살이 식물답지 않게 줄기가 나무처럼 변하더니 이내 꽃대를 올렸다. 바질 향이 나는 작고 하얀 꽃이 질 무렵 여름이 끝났고, 꽃이 진 자리마다 생긴 초록색 알갱이들이 까맣게 익을 무렵에는 찬 바람이 불었다. 무성한 바질잎들이 속절없이 노랗게 시들며 생을 마감했을 때, 나는 바질 꽃대를 잘라내어 시골 이모가 깨를 털듯이 바질 씨앗을 털었다. 이 씨앗들이 바질 농사의 시작이었다.

이듬해 봄, 화원 앞은 언제나처럼 채소 모종으로 그득했지만 나는 쳐다보지도 않았다. 몇 년이나 줄기차게 채소 모종을 죽 쑤고 나서 채소는 사 먹는 것이라는 진리를 체득한 원년이었다. 옥상에 비어 있는 화분을 볼 때마다 흔들렸지만, 마음을 굳게 먹었다. 그러다 받아놓은 바질 씨앗이 생각났다. 궁금한데 어떻게 되나 볼까? 어차피 놀고 있는 화분과 흙이 있으니 시험 삼아 한 화분에 바질 씨앗을 뿌려보기로 했다. 요리할 때 소금을 뿌리듯 바질 씨앗을 흙 위에 뿌렸다. 씨가 잘 뿌려졌는지 바람에 날아갔는지 확인할 수 없었지만, 흙을 가볍게 덮고 살짝 눌러주었다.

3일 정도 지났을까, 점심을 먹고 옥상에 올라가 보니 화분에 부채 모양의 연두색 떡잎들이 있었다. 설마 바질인가? 바질의 떡잎이 얼마나 귀여운지, 나는 발을 동동 구르고 손을 바들바들 떨었다. 저녁에 다시 살펴보니 초록색이 확연히 늘어나 있었고, 다음날은 떡잎 잔치를 열 정도가 되었다. 씨앗을 얼마나 뿌렸는지 하나의 모공에서 털 서너 개가 비집어 나온 꼴이었다. 여러 개가 비어져 나온 바질을 나무젓가락으로 하나하나 조심스럽게 뽑아 올려서 옥상의 빈 화분들에 옮겨심기했다. 이렇게 귀여운데 솎아버릴 수는 없지. 뿌리라고는 고작 한 가닥뿐인 아기 바질들은 옮겨 심고도 모두 무탈했다. 성장이 얼마나 빠른지, 며칠 후에는 떡잎 사이로 일제히 본잎이 나오기 시작했다. 작고 작은 본잎은 자신의 이름이 '스위트 바질'이라는 걸 똑똑히 보여주듯 예의 봉긋한 모양을 하고 있었다. "이렇게 귀여운 싹은 처음이야." 나는 사진을 백 장쯤 찍었고, 한동안 나의 프로필 사진은 첫 본잎을 낸 스위트 바질이었다.

옥상은 바질 숲이 되었다. 그냥 하는 말이 아니라 정말로 바질이 숲을 이루었다. 뚝배기에서 부풀어 넘치는 달걀찜처럼 큰 화분 위로 바질잎이 몽글몽글 흘러넘쳤다. 자란 잎을 계속 따도 새로 자라는 잎의 속도를 따라갈 수 없었다. 현존하는 화수분이 있다면 그건 바로 나의 바질 화분이었다. 한 번 잎을 따면 20리터짜리 목욕 바구니 정도는 금세 채웠다. 바구니에 그득한 바질 사진을 본 친구는 "이야, 이게 다 얼마 치야? 팔아도 되겠어!" 하며 감탄했다. 바질이 잘 자라는 건 좋지만 차고 넘치는 이 많은 바질잎을 다 어쩐다. 정말 어디다 팔아야 하나 고민하다 언젠가 먹어본 페스토가 떠올랐다. 지금이야 페스토는 파스타집에서 쉽게 찾아볼 수 있고 시판 제품으로도 많이 나오지만, 그때만 해도 정말 생소했다. 10년 전, 일부러 찾아간 유명한 피자집에서 작은 종지에 새 모이만큼 담겨 나온 초록색 소스가 우리의 첫 페스토였다. 물어보니 바질 페스토라고 했는데, 이 정체 모를 것을 어린 은찬이는 혀가 터지게 맛있다며 종지를 부여잡고 놓질 않았다. 조금 맛본 나도 눈이 번쩍 떠질 정도였으니 바질에 대한 우리의 첫인상은 강렬했다.

검색해보니 그래도 몇 년이 지났다고 인터넷에 많은 정보가 있었다. 신선한 무농약 바질잎이라면 얼마든지 있고, 지치지 않고 계속 감탄하며 먹어주는 아들과 남편의 협조로 가장 맛있는 페스토의 입자 크기와 농도를 알아갔다. 그리고 마침내 나는 바질 페스토 장인이 되었다. 만드는 방법은 정말 간단하다. 싱싱한 바질잎, 올리브유, 마늘에다가 잣이나 아몬드 같은 견과류를(비건이 아니라면 파르메산 치즈도 추가!) 함께 갈아주기만 하면 된다. 빵에 발라 먹어도 맛있고, 샐러드드레싱으로도 좋고, 파스타 면을 삶아서 비비기만 해도 천상의 맛이다.

어떻게 먹어도 너무 훌륭한 맛이 나서 우리는 넘쳐나는 바질잎이 금광이라도 되는 듯 기뻐했다. 나도 남편도 열광했지만, 특히 은찬이가 온갖 호들갑을 떨면서 난리를 쳤다. 처치 곤란일 정도로 루꼴라 농사가 잘되었을 때는 루꼴라로 페스토를 만들고, 뒷산에서 쑥을 너무 많이 뜯어온 날에는 쑥 페스토를 만들어 먹기도 했다. 그것도 감탄을 쏟아내는 맛이었지만, 그래도 페스토의 으뜸은 바질 페스토다. 바질 페스토를 만든 날이면 우리 집에는 종일 향긋하고 신선한 향으로 그득하다.

　나는 지난 몇 년간 바질 여왕이었고, 더불어 바질 페스토 장인이었다. 앞으로도 이 타이틀을 쭉 이어갈 것이다. 김장을 한 적은 없어도 바질 페스토만큼은 봄부터 준비한다. 은찬이도 동참하여 파종 자리를 만들고, 물을 주며 여름내 함께한다. 잎을 딸 때는 서로의 허리를 두드려가며 손톱이 까맣게 물들도록 딴다. 그렇게 가득 수확한 바질잎으로 다음 여름까지 우리 가족이 먹을 1년 치의 페스토를 넉넉하게 만든다. 셋이서 한 번 먹을 양을 작은 병에 담아서 줄줄이 부지런히 얼려둔다. 친구들이 놀러 오면 한 병씩 들려 보내기도 한다. 김치냉장고에서 꺼내먹는 시원한 김장 김치의 맛은 몰라도, 어느 계절이건 내킬 때마다 꺼내어 온통 초록이던 여름날을 향긋하게 즐긴다.
　바질 페스토를 처음 만들었을 때는 은찬이가 초등학교 3학년이었다. 그때부터 아이는 누가 좋아하는 음식을 물어보면 '바질 페스토 파스타'라고 답하기 시작했다. 몇 년이 지난 지금도 마찬가지다. 얼마 전에도 가장 좋아하는 음식을 바질 페스토 파스타라고 적어놓은 것을 보았다. 한결같은 바질 페스토 사랑이 몇 년째인가. 은찬이가 매일 가장 궁금해하는 게 저녁 메뉴인데, 뭘 먹고 싶냐고 물으면 열 번에 여덟 번은 "바페(바질 페스토 파스타를 줄여서 이렇게 부른다)!"를 외친다. 내가 알겠다고 하면 열 번이면 열 번 모두 춤을 춘다.

은찬이는 어른이 되어서도 바질 페스토를 좋아할 것이다. 어렸을 때 좋아하던 음악을 평생 간직하게 되는 것처럼 어려서 열광한 음식 또한 평생 가는 친구다. 우연히 들른 식당에서 바질 페스토 메뉴를 발견하거나, 화원 앞을 지나가다 바질 모종을 보면 오래 그리워하던 친구를 만난 것처럼 반가울 것이다. 그때 마침 누군가와 함께 있다면 바질을 키우던 여름날 이야기를 들려줄 수도 있겠다. 나무젓가락으로 흙을 콕콕 찍어 파종할 자리를 만든 일부터 옥상 문을 열 때마다 우리를 놀라게 하던 바질 향, 하얗고 작은 바질꽃 주위를 바삐 오가던 꿀벌들의 소리까지도 단박에 떠오를 테니까. 키우는 일에는 추억 보따리가 가득 따라온다. 정말 근사하지 않나!

흘러넘칠 듯 자라는 바질

올해도 바질이 흘러 넘칠 듯 자랐습니다.

바질은 철서가 지나면 잎 대신 꽃과 씨앗을 만드느라 바빠지므로

그 전에 부지런히 페스토로 만들어야 합니다.

아이와 함께 키우고, 거두고, 그것으로 음식을 만들어 먹는 경험은 정말 대단합니다.

두고두고 떠올릴 추억이 차곡차곡 쌓여가지요.

나에게 말하는 식물

식물은 정적인 생물이라고 생각하기 쉽다. 하지만 식물을 키우는 사람들은 식물의 움직임에 줄곧 놀라고 감탄한다. 시험 삼아 타임랩스라도 찍어보면 식물들이 짐작하는 것 이상으로 훨씬 더 활기차게 움직인다는 걸 알게 된다. 이때 마치 식물의 비밀을 엿본 것처럼 기분이 묘하다. 식물들이 인간의 눈에 띄지 않게 애써 조심히 움직이는 걸 디지털 장비를 이용해서 낱낱이 까발린 느낌이랄까. 식물들은 매일 나를 상대로 '무궁화꽃이 피었습니다' 놀이를 하는 것일지도 모르겠다.

해가 좋은 날이면 관엽 식물 대부분이 일제히 창밖을 보고 있다. 그러면 나는 '아니 이 녀석들아, 예쁜 얼굴 좀 보여주라고!' 하면서 화분을 일일이 돌려놓는다. 그래도 잠시 후에는 어김없이 모두가 등을 돌리고 있다. 이렇게 해를 따라 바삐 움직이는 식물도 있는가 하면, 낮에는 온 세상을 향해 잎을 펼쳤다가 밤이 오면 우산을 접듯 잎을 탁 모으고 부둥켜안은 형태가 되는 식물도 있다. 천둥 번개가 몰아치는 어두컴컴한 날일지라도 낮과 밤을 구분하여 잎을 펼치고 오므린다. 몬스테라는 소리를 내기도 한다. 압축되어 돌돌 말린 새잎이 느슨해지는 순간 '트드드득' 하고 꽤 큰 소리가 난다. 단단하게 꽉 말아놓은 빳빳한 종이를 손에서 놓는 모습을 상상하면 된다.

반면에 선인장은 도통 말이 없다. 목이 마른 건지, 뿌리가 너무 젖었는지 아무 말이 없다. 그렇게 그대로 있다가 갑자기 천년의 시간이라도 흘러버린 것처럼 미라가 되거나, 만지는 순간 이미 속이 곯아서 풀썩 주저앉아 버린다. 나는 원망의 마음을 품는다. 리톱스 같은 다육이는 아주 작은 목소리로 가끔 말을 건다. 목이 마르면 통통하고 매끈한 몸에 주름을 만들거나, 도톰하고 단단한 잎을 얇고 부드럽게 만들어 자신의 상태를 알린다. 너무 작은 소리라 못 듣거나 오해하기라도 하면 선인장 꼴이 되는 건 순식간이다.

대체로 잎을 많이 달고 있는 식물은 적극적으로 말을 하는 편이다. 보통 화분을 일일이 들어보거나, 손가락으로 흙을 후벼 파서 마른 정도를 가늠하고 물을 주는데, 온몸으로 티를 내는 식물은 딱 보기만 해도 얼마나 목마른지 알 수 있어서 아무래도 편하다. 특히 잎이 얇고 줄기가 가느다란 식물이 티를 많이 낸다. 목마름이 하루만 더 지나도 그냥 바닥에 자빠지기도 한다. 그것을 보면 떼쓰느라 길거리에 누워서 우는 아이를 보는 기분이다. 티를 심하게 내는 식물일수록 물에 금방 반응한다. 도저히 회생할 수 없을 것처럼 보이던 잎도 금세 물이 올라 힘이 생기고, 줄기도 기지개를 켜듯 사방팔방으로 힘 있게 뻗는다. 바닥에 드러누워 있던 식물이 물을 준 지 한 시간도 안 되어서 무슨 일이 있었냐는 듯 꼿꼿하게 서는 것을 볼 때면 웃음이 난다. 누워서 팔다리를 흔들며 떼를 부리던 아이가 원하는 것을 얻자 벌떡 일어나 웃으며 뛰어가는 것 같다.

종종 내가 준 물이 너무 과했을 때 식물은 울어버린다. 몬스테라나 필로덴드론이 가장 잘 울고, 싱고니움과 스킨답서스도 잘 운다. 잎 가장자리로 물을 뿜어내는 일액현상은 잎의 증산 작용이 거의 멈추는 밤에 주로 일어난다. 그래서 물을 주고 난 다음 날 아침에는 꼭 바닥을 확인해야 한다. 가장 잘 우는 식물은 밤새 펑펑 울어 마루가 다 젖어서 바닥재의 색이 변한 적도 있다.

식물이 우는 것을 볼 때면 가끔 내 어릴 적 일이 떠오른다. 나는 딸 둘인 집의 막내였는데 나와 언니는 모든 면에서 달랐다. 나는 물이 그다지 필요치 않고 목이 말라도 티를 잘 안 내는 편이었다면, 언니는 하루가 멀다고 물이 필요했고 목이 마르면 대번에 잎이 쳐지는 편이었다(이것은 좋고 나쁘고의 문제가 아니라 그저 다른 것일 뿐이다). 말하자면 나는 다육 식물이고 언니는 국화과 식물이었다. 나는 욕심이 별로 없어 이것도 괜찮고 저것도 괜찮은 아이였고, 언니는 취향이 명확하고 욕심도 있어 필요한 게 많은데다 그걸 바로 요구할 줄도 알았다. 나까지 조르면 안 된다고 생각해서 내가 잠자코 있었던 건 아니다. 지금도 난 물욕이 별로 없는 사람이니까.

더운 여름날이었다. 낮잠을 잤으니 여름 방학이었을 것 같고, 기억이 선명한 것을 보니 초등학교 고학년쯤이었을 것 같다. 나는 방문 너머로 들리는 동네 아줌마들의 웃음에 잠에서 깼다. 웃음과 말소리 사이사이로 커피잔이 달그락거리는 소리가 현실인지 꿈인지 분간이 안 되는 채로 누워 있다가 내 이름이 들리는 바람에 정신이 들었다. 어느 아줌마가 현주에게 노상 언니 옷만 물려 입히냐고 묻더니 우리 애들은 무조건 새 옷만 입겠다고 해서 아주 골치라는 한탄이 이어졌다. 그러자 또 다른 아줌마가 계속 첫째만 새로 사주지 말라는 핀잔을 하였는데, 그 말에 엄마가 이렇게 답했다. "우는 애 젖 준다는 말이 있잖아. 사달라고 조르는 애만 자꾸 사주게 되네."
나는 아줌마들이 한참을 더 놀다 갈 때까지 방 안에서 나오지 않았다. 아마 조금 충격을 받았던 것 같다. 언니가 입던 옷과 신발을 군말 없이 물려 입는 아이. 그래서 착하다고, 돈이 절약된다고, 둘 중 하나는 무던해서 다행이라고, 어느 날은 조금 미안하다고 생각했을 것이다. 사실 내 행동에 어떤 의도가 있었던 건 아니었다. 늘 빠듯한 부모님 생각도 조금은 했던 것 같지만, 그건 스쳐 지나가는 아주 작은 마음 같은 것이었다. 언니는 작아서 안 입는 옷이 너무 많은데 버리기엔 하나같이 멀쩡해서 아깝다는 생각이 들었고, 딱히 나에게 안 어울리는 것도 아니었으니까 언니 옷을 입었던 것뿐이다. 나는 뭔가 억울한 느낌이 들었고, 내 진정성이나 마음 일부가 좀 훼손된 것 같았고, 왠지 모르게 짜증이 났다. 그렇다고 내가 갑자기 우는 애로 변할 수는 없는 노릇이었다. 나는 그럴 주제가 못 되었다. 그저 우는 아이 젖 준다는 말만 30년이 넘도록 잊히지 않고 남았다.

내 아이도 나를 닮았다. 열다섯 살이 되도록 취향이랄 게 딱히 없고 거의 모든 것에서 '괜찮다' 하는 아이다. 갖고 싶은 게 있다고 조른 적도 없다. 나처럼 가리는 음식도 없다. 누가 봐도 우스꽝스러운 것이 아니고서는 웬만하면 맘에 들어 한다. 다만 썩 마음에 드는 것을 보거나, 맛있는 음식을 먹을 때 나보다 훨씬 더 감탄할 줄은 안다. 나는 아이의 멀쩡한 옷을 금방금방 버리는 게 아까워서 가능하면 옷을 적은 가짓수로 오래 입힌다. 늘 같은 옷을 오래 입어도 은찬이는 그것에 대해 한 번도 불평한 적이 없다. 그마저도 절반 이상은 친구 아들의 옷을 물려받아 입힌다. 그걸 2년 꽉 채워 입히고 새로 사 입혔던 옷은 다시 친구 아들에게 보낸다. 중학생이 되어서 처음으로 교복을 사야 할 때도 대부분 학교 선배들이 나눔하는 교복을 골라왔다. 입학 전에 안내받아 가보니 교복이 어마어마하게 쌓여 있었다. 그것을 본 은찬이는 저 옷들이 너무 아깝다면서 굳이 새 교복은 사지 않아도 되겠다며 열심히 골랐다. 자기 것은 유행에 상관없이 아끼고 오래 사용한다. 나도 남편도 그러한 성향이라 아이 역시 어느 정도는 그럴 테지만, 그래도 아이 아닌가. 내 어릴 적 모습이 스치는 날에는 아이에게 갖고 싶은 걸 하나라도 말해보라고 집요하게 묻는다.

부모님들은 은찬이같이 착한 아이는 없다고 말씀하신다. 내 생각도 크게 다르진 않지만, 그저 순한 태도 때문에 착하다는 타이틀을 붙이는 건 달갑지 않다. 보통 아이가 자기의 것을 친구에게 잘 내주면, 내 권리를 악착같이 주장하지 않으면, 불평불만이 없으면, 순서를 양보하면 아이에게 착하다고 한다. 한마디로 자기의 욕구나 의견을 잘 내세우지 않는 아이가 착한 아이로 둔갑하는 경향이 있다. 하지만 큰 의미 없이 너도나도 쉽게 말하는 '착하다'라는 말은 그 아이에게는 부수기 어려운 벽이 될 수도 있다. 어쩌면 착하다는 말을 너무 많이 듣고 자라서 나도 '착한 아이 프레임'에 갇힌 어린 시절을 보냈는지도 모른다. 그 단단한 틀에서 빠져나오기까지 오랜 세월이 걸렸다. 모두에게 좋은 사람일 수는 없다는 당연한 이치를 깨닫기 전까지 모두에게 좋은 낯을 하느라 힘들었을 때도 많았다. 그러니 아이들에게 착하다는 말을 버릇처럼 쉽게 건네지 않길 바란다. 구체적인 선행이나 예의 바름, 높은 도덕성, 작고 여린 것을 소중하게 여기는 고운 마음씨를 눈여겨보고 나서 칭찬을 하는 것이 아니라면, 그 말은 넣어두어야 한다. 자신의 아이에게도 마찬가지다. 아이가 '착한 아이'라는 말에 갇히면 그 말에 부합하는 사람이 되기 위해 무슨 일이든 참는 사람이 될 수 있다.

나는 내 아이가 목마름을 한껏 티 내는 식물처럼, 또 물이 과하면 펑펑 우는 식물처럼 자기 생각과 감정을 잘 표현하는 사람이면 좋겠다. 아이가 원하는 것을 논리적으로 분명하게 말할 수 있길 바란다. 그래서 남들과 다른 의견을 말하는 건 예의에 어긋나는 것도, 나쁜 것도 아니라고 말해준다. 하지만 말할 때의 표정이나 말투 같은 뉘앙스는 주의해야 한다는 것 또한 알려준다. 사람마다 생각이나 의견이 다른 건 너무도 당연하고, 서로 다른 의견을 맞춰나가는 일은 살면서 가장 많이 하는 것이라고, 그래서 더욱 태도가 중요하다고 말한다. 또 아무리 친밀한 사이여도 아닌 것은 아니라고 말해야 하고, 무리한 부탁은 정중하게 거절할 줄도 알아야 한다고 가르친다. 자신의 의견을 말하는 데에 시간이 퍽 걸리는 아이라 기다려주는 일이 언제나 가장 어렵다. 하지만 아이의 의견을 듣고 수용할 것은 하고, 설득해야 할 것은 다시 설명한다.

중요한 것은 아이의 의견을 묵살하거나 비웃지 않는 것이다. 아이의 말을 무시하거나 비꼬는 일은 어른들이 자주 하는 행동이다. 하지만 어떤 상황에서는 단 한 번의 대수롭지 않은 어떤 말이 아이에게 탁 박히기도 한다. 그렇게 박혀버린 말은 잘 흐르던 물의 흐름을 방해하기도 하고, 결국 그 물길의 방향을 바꿔놓기도 한다. 우리도 그런 경험이 있지 않은가.

백야국의 신엽

솜털이 보송보송해서 귀여운 백야국은 '가을이'라는 별칭으로 더 많이 불립니다.

목이 마르면 잎을 아래로 축 늘어뜨린답니다.

아이들은 어른 말을 참 잘 듣지요.

어른이 건네는 말을 그대로 받아들이기 때문에 조심해야 합니다.

아이들이 어떤 틀에도 갇히지 않고 자라기 위해서는요.

믿거나
믿어주기로 하거나

식물에는 요정이 있다. 식물 요정을 목격하는 건 하늘의 별 따기 급이라 본 사람이 거의 없을 테지만, 확실한 사실은 식물 요정이 있다는 것이다. 요정이라고 하면 팅커벨 같은 모습을 생각하기 쉬운데 내가 본 건 그런 모습이 아니다. 뚜렷한 형체로 존재하는 게 아니라서 글로 묘사하기가 힘들다. 하지만 식물 요정을 본 나조차도 줄곧 작은 인간의 모습으로 의인화하여 생각하기는 했다. 피터 팬에 나오는 요정 이미지가 너무 강력한 탓이다. 어쨌든 식물 요정은 인간에게 해를 끼치는 존재가 아니며, 작고 여린 존재를 보살펴주는 것 같다. 내 경험으로 미루어보았을 때 나를 지켜준다는 호의를 분명히 느꼈기 때문이다.

나는 겁이 많다. 엄마 말로는 아기 때부터 자다가도 놀라는 일이 많았다고 한다. 꽤 자란 후에도 밤에 방 바로 옆에 있는 화장실에 가는 것조차 내게는 거의 불가능한 미션이었다. 어릴 때는 참고 참아보다가 언니나 엄마를 깨워 화장실을 가곤 했지만, 초등 고학년이 되고도 계속 그럴 수는 없었다. 그래서 밤에 음료를 잔뜩 마시는 일은 절대 없었고, 자기 전에는 마지막 한 방울까지 방광을 쥐어짜곤 했다. 이불 밖으로 손발을 내놓는 것도 무서워서 여름에도 이불 속에서 땀을 찔찔 흘리면서 잠들었고, 가위눌리는 일도 너무 잦아서 학창 시절 내내 몽롱한 상태로 보냈다. 성인이 되고 나서도 대부분은 밤새 불을 켜놓고 잤다.

그날은 중학생이 되고 얼마 지나지 않은 때였다. 나는 웬일로 자다가 오줌이 마려워 깼다. 실눈을 뜨고 불을 켜둔 방을 구석구석 살피고 안전하다는 걸 확인한 후에 침대에 걸터앉아 오매불망 동이 트기만을 기다렸다. 하지만 간절히 기다릴수록 시간은 느리게 흘렀고, 나는 사색이 되고 말았다. '결국 방문을 열어야 하는데 어떡하지 마루는 깜깜할 텐데.' 그 어둠을 뚫고 가 화장실 문을 열 자신이 없었지만, 그렇다고 중학생이 방 안에 오줌을 싸는 일은 더욱 감당할 수 없었다. 어차피 답은 정해져 있으니 그냥 방문을 열고 죽자고 생각했다. 계속 어떻게 해야 재빨리 밖의 불을 켤 수 있을지 그 몇 발짝의

동선을 생각했다. 하지만 불을 켜면 더 무서울 수도 있겠다는 생각도 동시에 들었다. 그리고 마침내 방문을 열었을 때, 나는 막막한 어둠 속에서 식물 요정을 보았다.

마루에는 항상 엄마의 식물이 그득했는데, 그 식물의 숫자에 버금가는 식물 요정들이 그곳에 있었다. 그들 역시 내가 한밤중에 느닷없이 문을 열고 나오리라고는 생각도 못 했을 것이다. 나를 포함해 그 공간에 있던 모든 것들이 놀라 자빠졌다. 나는 화장실에 가야만 한다는 것을, 요정들은 모습을 감춰야 한다는 것을 서로 2초쯤 잊고 있었다. 찰나의 순간 요정들은 모두 감쪽같이 사라지고 나는 화장실에 갔다가 약간 얼이 빠져 방으로 돌아왔다. 그 이후에도 아주아주 극히 드물게 한밤중에 화장실을 가야 했지만 다시는 식물 요정을 보지 못했다. 하지만 그들이 거기에 있으리라는 건 알았다. 그래서 조금은 덜 무서웠다. 고등학생이 되어 밤늦도록 공부할 때도 은은한 빛을 약하게 뿜어내는 그들이 방문 밖에, 그리고 내 방의 화분에도 있으리라는 생각에 자꾸만 곁눈질하곤 하였다.

나는 이 이야기를 은찬이가 아주 어릴 때 몇 번 해주었다. 잠이 오지 않는다는 아이에게 "있잖아, 식물 요정이 있어" 하고 이야기를 시작했었다. 문득 궁금해져서 이 글을 쓰면서 혹시 그 이야기를 기억하냐고 물어보았다. 아이는 전혀 모르겠다는 얼굴로 그게 무슨 말이냐며 궁금증이 가득한 얼굴로 되물었다. "식물마다 요정이 있다는 얘기 말이야"라고 했더니 아이는 과장된 표정을 지으면서 "아이, 그게 뭐야" 하였다. 그때는 완전히 몰입하여 믿어놓고서는.

사실 나는 아이에게 식물 요정 말고도 다른 요정 이야기도 몇 번이나 해줬다. 아이가 식물 요정 얘기에 눈을 반짝거리며 좋아하기에 다른 요정 이야기는 지어서 해준 것이지만, 어쩐지 얘기하면서 점점 진짜처럼 생각되었다. 깜깜한 방에 나란히 누워서 점점 따뜻해지는 아이 손을 꼭 쥐고 요정 얘기를 하는 것이 좋았다. 내 얘기를 전폭적으로 믿어주니까 이야기할 맛이 났던 것 같다. "사실은 이 방 구석구석에도 요정이 있을 거거든? 지금 안 보이는 것뿐이지 저기 구석이랑 저쪽 구석에도 요정이 있을 거야. 그 요정들은 아이가 잠들면 내내 지켜주는 거야." 언젠가 아이는 한 번쯤 자기도 요정을 본 것 같고 했다. "어머, 너도 봤구나? 엄마도 어렸을 때 봤거든!" 아이는 내 말을 몹시 반가워하였다.

아이와 나는 여전히 요정 얘기를 한다. 우리는 요정을 '애들'이라고 부르는데, 은찬이는 애들이 떠나지 않고 아직도 잘 있는지 요정들의 안부를 가끔 묻는다. 또 차를 타고 어디를 갈 때면 보조석에 앉은 은찬이가 종종 뒤를 돌아보면서 방금 건드린 게 엄마였는지를 물을 때가 있다. 뒤에 앉아서 가던 나는 "아니? 엄마 계속 핸드폰 보고 있었는데?"라고 하면 아이는 목청을 높여서 장난치지 말라는 듯이 "아니이!"라고 소리친다. 그러고서는 잠시 후에 "혹시 애들도 차에 탄 건가?" 하는 것이다. 그러면 또 나는 말한다. "탔을 수도 있지. 자주 그러니깐!" 그럼 아이는 더 목청을 높여서 "아니이!" 하고 소리친다. 은찬이는 요정 이야기가 나올 때마다 다양한 반응을 보인다. 정말 믿을 때도 있을 것이고, 엄마의 장난이라고 생각했는데 진지한 나를 보면서 헷갈리거나, 그냥 믿는 척을 해주자 하기도 하는 것 같다.

이러한 와중에 정말 놀라운 일이 벌어졌다. 은찬이가 중학교 2학년이 막 되었을 때였다. 점심을 먹던 토요일 낮에 아이 앞으로 정체불명의 소포가 도착했다. 아이 이름만 덩그러니 쓰인 채로 문 앞에 놓인 상자를 보고 은찬이도 남편도 눈이 동그래졌다. 상자 안에는 그림엽서와 작은 유리병 하나가 전부였다. 유리병 안에는 어떤 괴생명체(조금 귀여웠다)가 그려진 것들과 작은 구슬이 들어있었다. 함께 온 엽서를 읽어보니 이 정체불명의 소포는 무려 '꿈 경찰서'라는 곳에서 온 것이었다! 꿈속에서 못된 장난을 치는 꼬꼬마 악당들을 잡아 병 안에 가두었으니 잠자기 전에 병을 흔들어 혼내면(흔들면 짤깍이는 소리가 난다) 나쁜 꿈을 꾸지 않고 푹 잘 수 있을 거라는 내용의 엽서였다. 엽서를 보낸 이는 꿈 경찰서 서울지구 담당자 렌시라고 하였다. 그러고 보니 악당을 가둔 유리병이 꼭 감옥 같았다.

아이는 어리둥절한 채 이게 무슨 일이냐고 하였고, 당장 스마트폰으로 꿈 경찰서 서울지구를 검색해보기 시작했다. 남편은 혹시 은찬이의 친구가 장난을 친 걸까 의심하다가, 그렇다고 하기엔 하나부터 열까지 너무 정성스러워 그건 아니겠다고 했다. 또 우리 집에 누가 이것을 놓고 갔는지 바로 달려 나가서 봤어야 한다느니, 다른 단서가 있을지도 모른다느니 하면서 덩달아 야단이었다. 나는 며칠 전의 일을 기억해서 아이에게 물어보았다. "며칠 전에 도덕 온라인 수업 때 꿈 얘기를 하지 않았어? 그때 네가 가끔 무서운 꿈을 꾼다고 하는 걸 어렴풋이 들은 거 같은데?" 그러자 은찬이가 소스라치면서 그걸 꿈 경찰관이 마침 본 것이냐며 눈이 두 배는 커졌다. 그러고는 필시 그게 맞는 것 같다면서 자기 블로그에다 꿈 경찰서 담당자나 직원이 보게 되면 댓글을 적어달라고 사진들을 포스팅까지 했다. 그 글은 '서울지구 꿈 경찰서'를 검색하면 나온다. 놀라운 건 이 일 이후 지금까지 1년이 넘도록 은찬이는 매일 잠들기 전에 꿈 경찰관이 알려준 대로 악당이 잡혀 있는 유리병을 반드시 흔든다. 그리고 더 놀라운 건 그날 이후로 아이는 무서운 꿈을 꾼 적이 없다. 꿈 경찰관이 알게 되면 꽤 보람차겠다는 생각이 든다.

이 세상은 우리가 감히 알 수 없는 것으로 가득 차 있다. 식물 요정이 당연히 있는 것처럼 온갖 요정과 그 비슷한 존재들이 있을 것이며, 아이들에게 못되게 구는 꼬꼬마 악당과 꿈 경찰서에서 바쁘게 일하는 꿈 경찰관들 역시 있다. 또 오직 아이였을 때만 발견할 수 있는 존재도 있을 것이다. 아이가 이런 이야기를 했을 때 아이의 말을 믿는 부모가 있고, 믿어주기로 하는 부모가 있고, 그런 쓸데없는 소리는 하지 말라고 딱 잘라내는 부모가 있을 것이다. 나는 아무 말도 하지 않았기에 식물 요정 이야기에 우리 부모님이 어떤 반응을 보였을지 알 수는 없다. 하지만 내가 느끼는 두려움들에 대해 한 번도 핀잔을 주지 않고, 다 크도록 불을 켜고 자도 괜찮다는 부모님이었으므로, 요정 이야기도 아마 믿어주셨을 거라고 생각한다.

나는 혼자 오래 간직해왔던 요정 이야기를 내 아이에게 들려주었다. 그리고 여전히 이야기하고 있다. 아이가 어렸을 때는 굳게 믿었던 요정 이야기를 많이 지금도 믿고 있는지, 아니면 엄마의 장단을 적당히 맞춰주는 것인지 알 수 없다. 그래도 나중에 자기의 아이 또는 다른 어린아이에게 어쩌면 요정 이야기를 해줄 수도 있지 않을까? 아니면 어떤 아이가 요정이나 그 비슷한 존재, 혹은 귀신같이 무서운 것에 대해 말하면 최소한 그것을 믿어주려는 어른은 될 것이다. 이 글을 읽는 여러분들처럼.

푹크시아 블루엔젤

푹크시아꽃은 볼 때마다 요정 같아요.
가지 끝에 대롱대롱 풍선처럼 매달린 봉오리가 탁 터지면서
드레스를 입은 요정으로 변신합니다.
여러분은 요정을 믿나요? 요정을 본 적이 있나요?

추억을 채집하는 시간

나는 채집 활동이라면 무엇이든 다 좋아한다. 어렸을 때부터 그랬다. 방학 때 시골에 있는 친척 집에 놀러 가서 작물을 거둬야 하는 일이 있으면 힘든 줄도 모르고 했다. 또 고등학교 때 갔던 농촌 봉사 활동에서도 감자를 캐는 데 심취한 나머지 땀을 너무 흘려 탈수 직전이 되기도 했다. 알고 보니 남편도 나와 비슷했다. 우리는 학교 교정에 잔뜩 떨어진 은행을 그냥 지나가지 못하고 한 가마니나 집으로 주워 와 껍질을 까는 곤욕을 치렀고, 결혼 후에도 채집 활동을 위한 이동과 노동을 기꺼이 했다. 이런 유전자가 어디 가겠나. 우리의 아이가 채집에 열을 올리는 건 당연했다.

아기 때부터 그런 낌새는 보였다. 산책길에서 예쁜 낙엽을 줍는데 애가 힘든 줄을 몰랐다. 또 내가 부추라도 다듬을라치면 옆에 앉아서 내 눈에는 잘 보이지도 않는 얇은 검불도 다 거둬내는 게 아닌가. 은찬이는 바다로 산으로 들로 다니면서 뭔가를 채집하기만 하면 집으로 돌아갈 생각을 하지 않았다. 처음에야 재미있을 수 있어도 시간이 좀 지나면 지겨워지고 힘들만도 한데 말이다. 또 그것이 자기가 좋아하는 것이 아니어도 똑같이 열광했다. '채집' 그 자체를 좋아하는 것 같았다.

우리에게 채집의 추억으로 파래를 빼놓을 수는 없다. 아이가 6학년이 된 2월, 여수에 놀러 갔을 때의 일이다. 점심을 먹고 사람이 없는 바닷가 근처를 걷고 있는데 빨간 패딩을 입은 아주머니 두 분이서 해안가를 분주히 다니며 허리를 숙이고 뭔가에 열중하는 모습이 보였다. 호기심에 다가가 여쭤보니 파래를 뜯는다고 하시는 게 아닌가! "이게 다 파래예요? 우리가 먹는 그 파래요?" 나는 눈이 휘둥그레졌다. 왜냐하면 우리가 서 있는 바닷가는 온통 초록색으로 뒤덮인 돌투성이였기 때문이다. "하하, 이게 다 그 파래예요. 엊그저께도 따서 무쳐 먹었더니 겁나 달더만요. 댁에도 얼른 파래 좀 뜯어가요. 비닐 없소? 비닐을 주까요?" 아주머니 한 분이 바지 주머니에서 검은 비닐봉지를 하나 꺼내어 탁탁 털어서 건네주셨다. 믿을 수 없어 하는 나의 표정에 아주머니는 돌에 붙은 파래를 손으로 잡아 뜯는 시범까지 보여주었다. "요래 요래 뜯어 가서 모래가 있을지 모릉께 민물에 몇 번 잘 시쳐 말리씨오. 반찬 몇 번 해 먹을 수 있응께."

우리는 2월의 차가운 바닷물에 손을 씻고 파래를 뜯기 시작했다. 파래를 먹어본 적도 없는 은찬이는 지금 여기 있는 파래가 다 우리 것이냐면서 정신을 못 차렸다. 그러고는 지금부터 밤까지 다른 데는 가지 말고 여기 있는 파래를 다 뜯자는 무시무시한 말까지 했다. 우리는 제법 큰 비닐봉지 하나 가득 묵직하게 차도록 파래를 뜯었다. 비닐봉지 두 개를 받았다면 아마 어두워질 때까지 그 바닷가를 벗어날 수 없었을 것이다. 차 안을 바다 내음으로 가득 채운 채 서울로 돌아와서는 옥상에 줄을 걸고 그 파래를 전부 다 말렸다. 그러는 동안 우리 집 옥상에서는 여수의 바다 내음이 고스란했다. 우리는 생각날 때마다 파래로 무침과 전을 만들어 먹으며 여수에서 파래 뜯던 일들을 이야기했다. 말린 파래가 얼마나 많은지 1년을 원 없이 먹었다.

코로나가 시작된 2020년은 우리에게는 쑥의 해였다. 전염병으로 온 나라가 들썩일 때, 우리도 여러모로 타격이 있었다. 그래도 추억할 만한 해가 될 수 있었던 건 사람이 없던 뒷산과 그곳에서 자라난 쑥 덕분이다. 2020년은 아이가 중학생이 되는 해이기도 했는데, 코로나로 입학이 차일피일 미루어졌다. 무역업을 하는 남편도 일이 끊겨버려서 셋이 종일 집에 있었다. 다행인 건 셋이 죽이 잘 맞았고 놀

것이 차고 넘쳤다. 피아노를 치며 노래를 부르고, 영화나 책을 읽고 얘기하고, 게임에 열광하고, 운동을 했다. 아이의 중학교 입학이 계속 미루어지자 나의 걱정거리도 함께 미루어져서 한편으로는 마음이 편하기도 했다.

코로나 시국에서 우리가 마음 편하게 갈 수 있는 곳은 뒷산뿐이었다. 얕고 보잘것없어서 사람이 별로 다니지 않는 산이었는데, 그래서 안성맞춤이었다. 2월 말부터 우리 셋은 매일 산을 오르면서 산의 변화를 고스란히 보았다. 온통 갈색뿐인 산에 밤마다 연두색 눈이 내리는 것 같았다. 봄기운을 느낀 나무의 겨울눈이 최선을 다해 깨어나기 시작했다. 매일매일 산에 가니 나무들이 구분되었고, 더 눈이 가는 나무도 생겼다. 또 어느 나무에서 딱따구리가 구멍을 파고 있는지도 알게 되었다. 딱따구리는 그렇게 부지런할 수가 없었다. 언제 가도 딱따구리는 항상 그 자리에서 온 산이 울리도록 구멍을 파고 있었는데, 어느 날은 조용해서 이상하다 하고 올려다보니까 나무에 완벽에 가까운 동그라미가 보였다. 딱따구리가 일을 끝낸 것이었다. 한참을 감탄하며 떠나질 않자 딱따구리가 완벽한 구멍에서 작은 머리를 빼꼼히 내밀고 시끄럽게 구는 우리를 쳐다보았다.

우리 가족은 야트막한 뒷산을 사랑하게 되었다. 여기서 20년 넘게 살면서 이 산에 30미터나 되는 일본목련나무들이 있다는 것을 처음 알았고, 발에 치이도록 산딸기나무가 그득하다는 것도 알게 되었다. 낙엽은 발이 파묻히도록 온 데 가득했다. 낙엽을 파헤쳐보니 그 수북한 낙엽 밑으로는 이미 봄이 당도해 있었다. 낙엽을 이불 삼아 녹은 땅에서 움튼 새싹들이 낙엽을 헤치고 나올 힘을 기르고 있었던 것이다.

4월이 되자 낙엽 사이로 쑥이 조금씩 보이기 시작했다. 우리는 빼꼼히 나온 쑥을 찾아서 뜯는 것에 열광했다. 작게 올라온 쑥은 너무나 소중하고 어여뻤다. 은찬이는 세상에 이렇게 재미있는 건 또 없을 거라고 했다. 낙엽을 헤치며 쑥을 찾아서 뜯느라 4월의 산행은 두 시간이 넘게 걸렸다. 아이는 마치 자신의 소질을 발견한 듯 몹시 즐거워하며 매일 쑥을 캐러 나가자고 성화를 부렸다. 우리는 아침을 먹고 나면 각자 주머니에 봉지를 쑤셔 넣고 홀린 듯 산을 올랐다. 낙엽을 헤쳐가며 골라 뜯는 재미가 있었다. 그러다 조금이라도 모여 있는 쑥을 발견하면 얼마나 신이 나는지! 고작 몇 개의 쑥이 모여 있어도 은찬이는 "여기가 쑥 집단 서식지야!"라고 외치면서 어깨춤을 췄다. 우리는 심마니의 마음으로 쑥을 찾아 헤맸다.

4월 중순에는 드디어 은찬이가 중학교 입학을 했고, 온라인으로 수업도 하게 되었다. 하지만 그마저도 단축수업을 하는 통에 여전히 시간이 많았다. 우리는 산행을 멈추지 않았다. 산에는 벚나무도 많았는데, 나는 꽃이 피어서야 그것들이 벚나무인 줄 알았다. 올해는 꽃구경도 못 하겠다고 생각했는데 웬걸, 우리의 일상은 매일같이 꽃 잔치였다. 우리는 쑥을 캐다가 가끔 고개를 들어 벚꽃으로 가득한 하늘을 바라보며 허리를 폈다. 벚꽃비가 흩날리는 풍경 속에서 우리 는 쑥을 뜯었다. 크게 자란 쑥을 발견하면 꼭 서로에게 보여주었다. 누구든지 "여기 이 쑥 좀 봐!"하고 외치면 나머지 사람들이 하던 일 을 멈추고 반드시 그것을 봐주며 함께 감탄하였다.

은찬이는 지구가 이렇게까지 온통 쑥 천지일 줄은 몰랐다고 가슴 에서 우러나오는 감탄을 하곤 했는데, 정말이지 여기도 쑥 저기도 쑥인 것이 내가 봐도 놀라울 지경이었다. 집에 가는 길에 탐스러운 쑥이 보이면 캐고 또 캤다. 은찬이는 주저앉아 쑥을 뜯으면서 이래 서는 영영 집에 갈 수 없겠다고 했다. 내가 그럼 캐지 않으면 되지 않 냐고 물으니, 쑥을 보면 그냥 지나갈 수가 없다고 답했다. 우리는 깔 깔 웃으면서 다시 쑥을 캐다가 집으로 돌아갔다.

우리는 뜯어 온 쑥을 알뜰히 잘도 먹었다. 쑥이 넘쳐서 무엇을 해도 아낌없이 쑥을 넣을 수 있었다. 그 봄에 쑥으로 해 먹은 음식만 도 열 가지가 넘는다. 각종 쑥 요리를 원 없이 해 먹었다. 그중 우리 가 가장 열광한 것은 찹쌀 지짐이다. 쑥을 잔뜩 다져 넣은 찹쌀 반죽 을 조금씩 떼서 기름에 부치면 봉긋하게 부풀어 오르는데 우리는 이 걸 '쑥 찹쌀 도나쓰'라고 불렀다. 기름과 탄수화물의 만남은 언제나 만족스럽지 않은가. 쑥 향이 은은한 찹쌀 도나쓰를 설탕에 굴려 먹는 맛은 아이의 표현대로 정말 혀가 터지게 맛있었다. 자기가 직접 하나하나 뜯어온 쑥을 잔뜩 넣었으니 얼마나 맛있었겠는가! 은찬이는 도나쓰를 입에 가득 문 채로 매일 쑥 도나쓰를 해 먹자, 다음에는 쑥을 훨씬 더 많이 넣자, 당장 또 쑥을 뜨러 가자, 내일이 빨리 오면 좋겠다 야단이었다. 봄철 내내 우리는 매일 온 산을 누비며 쑥을 뜯었고, 집에 오자마자 쑥을 다듬어 찹쌀가루에 치대어 기름에 지지고 설탕에 굴려 먹었다. 가장 많이 먹은 은찬이가 아니라 남편과 나만 살이 토실토실 올랐다는 게 억울했지만, 도저히 끊을 수 없는 맛이었다.

산의 생체 리듬은 무척 빠르다. 온통 갈색이던 산은 두 달이 안 되어 연두색 천지가 되더니, 곧 진한 초록으로 바뀌어 곤충들의 낙원이 되었다. 세상의 모든 초록색을 전부 품고 있던 산은 또 금세 갈색, 노란색, 빨간색이 되어서 모두 바닥에 내려앉았다. 코로나로 멈춘 시간이 아니었다면 산이 보여준 경이로운 탈바꿈을 이토록 자세하게 볼 수 없었을 것이다. 빽빽하던 초록이 성긴 갈색이 된 겨울 산을 오르면서 은찬이는 이듬해 봄을 기대했다. 자기만 빼고 쑥을 뜨러 가면 안 된다는 말을 몇 번이나 했다. 그 걱정이 무색하게 2021년도 절반은 온라인 수업을 했고, 2022년 봄에도 쑥을 뜰 시간은 충분했다. 코로나19로 인해 믿을 수 없는 일상을 보내면서도 우리는 쑥이 나올 때면 산에 올랐다. 낙엽을 헤쳐가며 쑥을 뜯어 쑥 찹쌀 도나쓰를 여러 번 만들어 먹으며 봄을 났다. 그리고 이제 이것은 우리 가족의 봄맞이 이벤트로 자리 잡았다. 여기저기 연두색이 올라오는 봄날에 쑥을 뜯으러 매일 산을 오르던 날들과 쑥을 무지막지하게 넣어 만든 찹쌀 도나쓰의 맛을 아이는 잊을 수 없으리라. 내가 초등학교 여름 방학 때 외할머니네 가서 직접 딴 옥수수를 삶아 먹었던 일과 그 옥수수 맛을 결코 잊지 못하는 것처럼 말이다.

전 세계인이 마스크를 쓰게 된 기이한 세상. 전쟁 통의 동막골처럼 우리에게는 우리만의 뒷산이 있었다. 세상에 흔들리지 않고 한결같은 모습으로 보란 듯이 살아내는 자연을 보면서 복잡했던 마음이 고요하게 가라앉고 침착해졌다. 그루터기에 앉아 바람이 나뭇잎 사이를 지나가는 소리를 들으면 모든 게 별 탈 없이 괜찮으리라는 생각이 든다. 식물의 의연한 모습에 오늘도 마음의 평안을 얻는다.

쑥을 뜯던 뒷산과 아이

우리 가족이 매일 쑥을 뜯으러 누비고 다니는 뒷산입니다.

여름이 되어 풀이 무릎 높이까지 자라고,

곤충들이 점령한 모습이 이토록 찬란합니다.

어떤 상황에서도 자연 속에서는 즐거울 일이 가득합니다.

한결같은 자연은 언제나 의연한 모습으로 아낌없이 나누어줍니다.

재주보다 중요한 것은
태도다

'금손'은 분야에 상관없이 손재주가 뛰어난 사람을 이르는 말이다. 한마디로 손만 대었다 하면 괜찮은 결과를 내는 사람에게 쓰는 말로, 반대말은 '똥손' 혹은 '곰손'이다. 식물계에서 금손은 식물을 잘 키우는 사람을 말한다. 영어권에는 식물 잘 키우는 사람을 지칭하는 'green fingers', 'green thumb'이란 말이 따로 있지만 우리나라는 금손으로 통칭한다. 나도 종종 금손이라는 말을 듣는다. 타고난 감각이나 손재주가 없어 이 말을 들을 만한 입장이 전혀 아닌데도 이따금 과분한 칭찬을 받아 스스로 민망하다. 내가 금손이라는 말을 듣는 이유가 뭘까 곰곰이 생각해보니 답은 하나다. 비교 사진을 자주 올리기 때문이다.

매일 마주하는 아이나 식물의 성장을 한눈에 파악하기는 어렵지만, 사진으로는 가시적인 변화가 뚜렷하게 보인다. 아이 사진만 해도 일부러 같은 인형을 안고 찍거나, 같은 장소에서 찍는 사진들이 꽤 있다. 한결같은 물건이나 배경 속에서 성장해가는 아이의 변화를 보는 일은 굉장하다. 식물도 마찬가지다. 나는 사진을 찍으면 고르고 정리하고 기록하는 일을 습관처럼 하는 사람으로, 특히 식물은 각자의 폴더마다 사진을 정리해두기 때문에 일대기를 고스란히 볼 수 있다. 모아놓은 식물 사진을 보면 우리 집에서 어떤 과정을 거쳐 지금의 모습이 되었는지 한눈에 보인다. 여린 새싹이 나왔을 때와 탄탄한 나무가 된 모습, 풍파에 시달려 만신창이가 된 모습과 회복하여 반짝이는 모습, 꽃봉오리가 올라와 만개하기까지의 과정, 꽃이 지고 열매가 익어가는 모습 등 비교할 만한 것이 수두룩하다. 그래서 전후의 극적인 사진쯤은 금방 찾을 수 있고, 그런 비교 사진을 올리면 나는 대번에 금손으로 거듭나는 것이다.

사람들이 말하는 것처럼 내가 정말 '식물 금손'이라면, 그 이유는 태도에 있었으리라. 식물의 순간순간을 자세히 살피는 태도, 작은 변화도 눈치채고 어여삐 여기는 태도, 식물의 가치에 상관하지 않고 포기하지 않는 태도, 식물의 힘을 믿고 기다릴 줄 아는 태도, 그리고 무엇보다 오랜 시간 성실하게 기록하고 정리하는 태도에서 비롯되었을 것이다. 집 정리에는 소질이 없지만, 파일 정리만큼은 20년 가까운 세월 동안 미루지 않았다. 여러 차례 컴퓨터를 바꾸면서도 소중한 나의 기록들은 보물처럼 싸서 옮겼다.

사람이 인생을 살아가면서 가장 중요하게 여겨야 할 것이 무엇이냐고 내게 묻는다면 두말없이 '태도'라고 답하겠다. 태도는 어떤 일이나 상황을 대하는 마음가짐이나 그것이 드러난 자세를 말한다. 어려운 일에 직면했을 때, 잘못했을 때, 실수했을 때, 짜증이 났을 때, 화가 났을 때, 슬플 때, 기쁠 때, 불쌍한 것을 보았을 때, 나보다 강한 것을 마주했을 때, 불의를 보았을 때, 하기 싫은 것을 떠맡았을 때, 유혹거리를 마주쳤을 때, 자신이 마땅히 해야 하는 것과 약속한 것에 대해, 다양한 사람들을 대할 때의 마음가짐과 드러나는 모습이 태도다. 그러니까 내가 생각하고 행동하는 모든 것이 태도다. 그러니 인생에서 이보다 더 중요한 것이 어디 있을까. 태도는 우리가 맞닥뜨리는 선택의 순간마다 방향키 역할을 한다. 내가 결국 어느 방향으로 갈지를 결정한다.

사람의 태도는 숨길 수가 없다. 조금만 같이 시간을 보내면 금세 알 수 있다. 태도는 굉장히 민감해서 아주 작은 몸짓이나 눈빛, 표정, 말투만으로도 그 낯을 고스란히 드러내기 때문이다. 태도를 통해 많은 것을 알 수 있고 그것은 어떤 결정적 역할을 하기도 한다. 오죽하면 면접자가 들어와서 인사하고 의자에 앉는 순간, 이미 당락이 결정된다는 말이 다 있을까. 태도는 외모, 학식, 권력, 재력 등 모든 것을 전부 덮어버릴 수 있을 정도로 강력하다. 그리고 그것은 하루아침에 만들어지거나 바꿀 수도 없다. 어릴 때는 그것을 몰랐다. 그래서 어른들이 말하는 첫인상이라는 게 바로 태도에서 비롯되었음을 알지 못하였다. 이제는 많은 사람을 만나고 겪으면서 사람에게는 태도가 거의 전부라는 것을 절절하게 알아버렸다. 살아갈수록 그 중요성을 더 절실하게 깨닫는다. 그래서 아이에게도 가장 강조하는 것이 태도다.

여태 아이를 크게 혼냈던 일은 모두 태도에 관련된 것이었다. 잘못한 일을 빠져나가려고 꼼수를 부린다거나 시인하지 않는 태도, 예의나 배려에 관한 것 등이었다. 어떤 상황을 맞닥뜨렸을 때의 바람직하지 않은 태도 때문에 은찬이는 길고 지독한 훈계를 들어야 했다. 어떨 때는 아이가 딱할 때도 있다. 이런 쪽으로는 집요하고 호락호락하지 않은 부모를 만났으니 말이다. 혼내는 중에도 안쓰러울 때가 있지만 어쩌겠는가. 가장 중요하게 생각하는 것이니 설렁설렁 가르칠 수는 없는 노릇이다. 게다가 이런 일이 한두 번으로 끝날 리가 없다. 처절히 반성한 것이 무색하게 실망스러운 태도는 계속 반복된다. 그럴 때마다 정신이 아득해지고 머리끝까지 화도 나지만, 그렇다고 기절하거나 폭발할 수 없는 노릇이다. 아이만큼이나 부모도 힘든 건 마찬가지다. 다시 말하기 싫어서 쓰러질 것 같아도 도리 없이 형벌처럼 같은 말을 반복해야 한다. 지금까지 태도의 문제로 은찬이에게 건넸던 말들을 이어 붙이면 달을 왕복하고도 남을 것이다. 그리고 아이에게 하는 말은 언제나 나의 태도를 되돌아보는 것으로 끝나니, 과연 자식은 부모의 스승이구나 싶다.

아이가 중학생이 된 이후에는 태도에 관해 더욱 강조하였다. 선생님께 예의를 갖추어라, 친구와도 기본 예의는 지켜라, 학교에서 하는 모든 활동에 성실하게 임하고 노력을 기울여라, 아낌없이 정보와 지식을 나누어라, 가장 나쁜 건 성실하지 않은 태도로 어쩌다 괜찮은 결과를 내어놓고 그것으로 자만하는 것이다, 공부가 전부는 아니지만, 학생의 본분은 다 해야 한다 등등으로 쓰자면 끝이 없다. 벌써 중학생의 마지막 학년이 되었지만, 여전히 태도는 걸림돌이다. 아이는 주기적으로 그 걸림돌에 걸려 넘어지고, 그러면 또 나와 남편은 아이를 일으켜 세우고 돌을 제거해야만 한다.

아이를 키우는 건 매우 촘촘한 일이라 대수롭지 않은 작은 부분이라도 그냥 지나가는 법 없이 쌓인다. 내가 알지도 못하고 의도하지도 않은 나의 말 한마디와 눈빛과 행동이 쌓여 아이의 태도를 만든다. 아이는 부모가 다양한 상황에 대처하는 모습을 보며 자란다.

사람들을 대할 때의 말투나 표정, 상황에 따라 겸손하거나 젠체하는 모습, 뉴스를 보면서 내뱉는 말들, 돈을 다루는 방식, 소비를 결정할 때 고려하는 것, 중요하게 생각하는 가치, 심지어 마트에서 물건을 고를 때 살피는 부분까지도 아이는 부모의 모든 것을 보고 배운다.

따라서 아이의 태도에 대한 책임은 부모에게 있다. 예를 들어 어떤 아이가 학교 생활을 상당히 불성실하게 하고 있다면 그것은 아이의 책임일까? 책임감이나 성실함 등도 부모로부터 오랜 기간에 걸쳐 배우는 것이기에 그것은 온전히 부모의 책임이어야 마땅하다. 부모가 자식에게 학생의 본분과 성실해야 하는 이유, 태도의 중요성 등을 알려준 적도 없으면서, 아이가 모든 일에 성실하고 만인의 모범이 되길 바라면 안 된다. 부모는 학생으로서 책임을 다하는 것이 왜 중요한지 아이에게 설명해주어야 한다. 그토록 중요하다는 공부도 절대 태도에 앞서는 가치가 아니다. 부모가 걱정해야 하는 건 '아이의 성적'이 아니고 '아이의 태도'다.

나는 아이의 태도가 나쁘지 않다면 당장 눈앞의 결과에 연연하지 않아도 괜찮다고 생각한다. 이것은 내가 정말로 확신할 수 있는 몇 안 되는 진리이다. 대체로 태도가 좋다면 결과는 나쁘기 힘들고, 특별한 일이 없는 한 기본 이상은 보장되어 있다. 하지만 더러 태도가 좋아도 상황에 따라 성취가 그만큼 따르지 않을 수도 있다. 단언컨대 그것은 괜찮다. 태도가 좋은 사람은 결국에 인정받고 사랑받으면서 행복하게 잘 살아갈 것이 확실하다. 세상은 그런 사람들을 절대로 버려두지 않는다. 태도가 좋은 사람은 어디에서나 환영받고 사랑받는 존재가 된다. 사람이 빛날 수 있느냐는 그 사람의 태도에 달렸으니, 내 아이의 태도를 다듬는 일은 가장 공들일 가치가 있는 일이고 부모가 아이에게 줄 수 있는 최고의 선물이다.

유칼립투스 폴리안

엄지손가락만 한 모종이었던 유칼립투스 폴리안이

키가 2미터도 넘는 위풍당당한 나무가 되었습니다.

이렇게 자라는 데까지 갖은 풍파를 겪어냈어요.

사람도 수많은 어려움과 고비를 겪으며 살아갑니다.

하지만 바르고 건강한 태도를 갖추었다면 두려울 것도, 걱정할 일도 없습니다.

무화과 단맛의 비밀

최근 몇 년간 꾸준히 무화과가 유행인지 여기도 무화과 저기도 무화과다. 제철에는 시장과 마트에 무화과를 담은 스티로폼 상자가 층층이 쌓이고, 철이 아니더라도 무화과잼, 무화과 크림치즈, 무화과 빵, 무화과 프로슈토 등 무화과의 인기가 끝이 없다. 특히 샐러드에 싱싱한 무화과를 갈라 얹으면 그게 그렇게 먹음직스러워 보인다. 무엇보다 색 조합이 끝내줘서 그런지 사진을 찍으면 감탄이 나온다. 나는 어렸을 때는 무화과를 꽤 좋아했지만, 성인이 되고 나서는 잊고 살았다. 먹어볼 기회는 물론이고 아예 보질 못해서 그랬다. 서울 어디서도 무화과를 팔지 않던 암흑기가 있었다. 그런데 언젠가부터 다시 눈에 띄기 시작하더니 몇 년 전부터는 여기저기서 폭발적으로 보이기 시작했다.

무화과는 좀 단단한 걸 사면 선인장 맛이 나고, 무른 걸 사면 그보다는 달콤하지만 금세 곰팡이가 피어 골치 아프다. 사실 무화과는 딸기나 자두, 복숭아나 포도와 같이 맛과 향이 강하지 않아서 열광할 정도로 맛있는 과일은 아닐지도 모른다. 한마디로 밍밍한 달콤함이랄까? 그래도 무화과만의 매혹적인 향과 맛과 분위기가 있고, 그걸 좋아하는 사람이면 무화과 시즌을 기다린다. 무화과에 별다른 감흥이 없더라도 시장을 지나다가 통통한 무화과가 한 방향으로 가지런히 담겨있는 상자를 보면 괜히 미소가 지어지지 않나. '그래, 무화과 철이 돌아왔구나. 여름이니까 한 번쯤은 먹어볼까?' 이런 감상에 빠지게 만든다.

작은 스티로폼 상자에 든 무화과를 사 들고 아이 손을 잡고 바삐 집으로 오던 날이 생각난다. 내가 무화과를 처음 사본 날이었다. 물주머니처럼 생긴 무화과를 보자마자 추억이 왈칵 터져 나와서 제법 가격이 있는데도 덥석 샀다. 생경한 과일을 보고 은찬이도 호기심을 드러냈다. 집으로 오는 길부터 무화과를 씻으면서까지 엄마가 진짜 좋아하는 과일이다, 어마어마하게 맛있다, 드디어 너도 이걸 먹어보게 되었네 같은 말을 쏟아냈기 때문에 아이는 뭔지도 모르는 무화과에 이미 콩깍지가 네 겹은 씌었을 터였다. 손가락에 힘을 빼고 조심스레 반으로 가르니 무화과의 참모습이 드러났다. 지금은 무화과 속의 빨간 것들이 모두 무화과의 꽃이라는 걸 아는 사람이 많지만, 예전에는 대다수가 무화과를 사과 같은 열매로 알고 있었다. 나 역시도 아빠가 "없을 무! 꽃 화! 열매 과!" 강약을 붙여서 이름을 알려주었기에 20년이 넘게 무화과는 꽃을 안 피우고 열매를 맺는 나무로 알았다. 하지만 우리가 먹는 건 꽃이고 껍질은 꽃받침이다. 무화과 하나를 먹으면 무수한 꽃을 먹는 거라는 사실을 안 지 나도 몇 년 안 되었다.

반으로 가른 무화과의 말랑한 속살을 떠서 아이 입에 넣어주니 눈이 똥그래지며 맛있다고 야단이었다. 그제야 나도 한 숟가락 입으로 가져갔는데 웬걸, 맹맹했다. 오매불망 그리워하던 무화과, 비싼 값에 사서 집까지 한달음에 달려온 무화과이건만, 내가 기억하는 무화과의 맛과 달라도 너무 달랐다. 정말 눈물이 찔끔 날 정도로 싱거운 맛이었다. 하지만 맛있다고 연신 감탄하며 아기 새처럼 입을 쫙쫙 벌리고 있는 아이 앞에서 초를 칠 수도 없는 노릇이라 나도 맛있다고 하며 먹었다. 이후로도 매년 숱하게 무화과를 샀지만 어렸을 때 먹어본 무화과 맛을 찾지 못했다. 내가 기억하는 무화과는 껍질이 살살 녹아 없어지면서 사레가 들릴 정도로 달았고, 다 먹고 난 후에도 입술을 핥으면 몇 번이고 무화과 향이 계속 느껴졌더랬다. 더 비싼 걸 샀으면 맛있었을까? 그나마 후숙이 되기를 며칠 기다려 먹거나(하지만 그러다 보면 꼭 곰팡이가 핀다), 무화과의 배꼽이 벌어지고 붉고 말랑한 것을 사면 맛이 괜찮은 편이었지만, 그렇게까지 잘 익은 무화과는 좀처럼 눈에 띄지 않았다. 내 입에 탐탁잖은 무화과일지라도 아이는 먹을 때마다 어깨를 들썩이며 좋아했기에 우리는 매년 무화과를 꽤 사다 먹었다.

여름마다 성에 차지 않는 맛의 무화과를 몇 년간 먹던 어느 날, 종로 길거리에서 운명처럼 작은 무화과나무를 만났다. 나는 그제야 깨닫고 무릎을 쳤다. 내가 먹었던 환상적인 무화과는 우리 집에서 키우던 무화과였다는 것을! 어릴 때 살던 집의 작은 마당에는 제법 큰 살구나무가 있었다. 매년 살구가 꽤 많이 달려서 열심히 먹다 지칠 때쯤에는 살구잼을 만들곤 했다. 반면 무화과나무는 살구나무에 비할 수도 없이 아주 작았고 그마저도 화분에서 키웠다. 살구와 살구잼을 실컷 먹고 얼굴이 새까매지도록 뛰놀다 보면 어느새 무화과가 달려 붉게 익고 있었다. 낮은 분재 화분에서 자라는 작은 무화과나무에서는 꼭 다섯 개의 무화과가 열렸는데, 익어가는 순서대로 차례차례 무화과를 따 먹으려던 기대 섞인 날들이 있었다. 다행스럽게도 언니는 무화과에 전혀 관심이 없었기에 다섯 개의 무화과는 다 내 차지였다. 나는 무화과 하나의 반을 갈라 양손에 소중하게 들고 최대한 야금야금 공을 들여 껍질까지 모두 먹곤 했다.

작은 무화과나무를 사온 그해 여름부터 은찬이도 몸서리치게 맛있는 무화과를 먹을 수 있게 되었다. 비록 몇 개 달리지 않지만(그래도 최대 열 알까지 달렸다), 드디어 내 아이도 나무에서 끝까지 익혀 먹는 무화과 맛을 알게 되었다. 그리고 그것은 이제 다 은찬이 차지다. 붉게 익은 겉이 툭툭 터지도록 나무에 매달려 있던 무화과를 맛보는 건 이제 내가 아니라 은찬이다. 무화과를 통한 내리사랑이라고나 할까. 은찬이는 껍질까지 먹지는 않기에 나는 은찬이가 속을 파먹은 껍질을 먹는다. 과육이 슬쩍 붙어있는 껍질만 먹어도 너무 달아 입 안에서 스르르 없어진다. 그래 이 맛이지. 내가 알던 무화과의 맛이다. 우리는 여전히 여름마다 마트에서도 무화과를 사다 먹는다. 달콤하고 맹맹한 선인장 맛이 나는 마트 표 무화과도 먹기는 하지만 먹으면서 항상 하는 말이 있다. 역시 우리 집에서 자란 무화과는 급이 다르다고. 마트 무화과를 많이 먹을수록 우리 집 무화과의 가치는 높아져만 간다.

무화과나무는 3월부터 잎이 돋는다. 잎이 돋는 순간부터 매일 매일 놀랍도록 자라서 순식간에 잎이 내 손만 해지고 연두색 가지를 쉴 새 없이 내놓는다. 쓰다듬으면 서걱서걱 소리가 나는 무화과나무의 잎은 은근한 광이 나는 깊은 초록색이다. 이 잎에서도 무화과 향이 펄펄 난다는 건 키우는 사람만 아는 행복이다. 8월이면 새로운 나무가 하나 생겨난 것처럼 자라 있고, 새로 자란 가지의 틈새마다 작은 초록색 물방울이 생긴다. 이 모든 과정이 5개월 동안 이루어진다. 과실이 다 그렇듯이 무화과도 색이 나기 시작하면서 비약적으로 커지기 시작한다. 막판에 으라차차 하고 성장하는 모습은 대단하다. 해만 잘 받으면 화분에서도 열매가 잘 열리니 무화과나무 키우기를 추천한다. 나무에서 끝까지 익혀 꿀물로 가득 찬 무화과 맛을 보는 행운을 누려보길 바란다.

열매가 달린 무화과나무

무화과가 먹음직스럽게 익어가고 있습니다.
큼직한 무화과나무의 잎에서 무화과 향을 맡을 수 있어요.
무화과의 겉이 갈라지기 시작하면 며칠 내로 따야 하는데,
수확하는 건 늘 아이의 몫입니다.
달콤한 무화과의 맛은 물론, 기대하는 행복한 마음까지도 대물림해주었네요.

무조건 지는
게임은 없다

나는 올해도 어김없이 "돌아버리겠어!"를 외치고 말았다. 이 망할 벌레들을 어떡하면 좋을까? 잎채소와 애벌레의 성장기는 왜 톱니바퀴처럼 딱 맞아떨어져서 나를 미치게 만드는 걸까. 나방과 나비들은 내 채소가 여기서 자라는 줄 어떻게 알고 속속들이 알을 낳고 갔으며, 잎 뒤에 몰래 붙여놓은 알에서는 언제 또 애벌레가 줄줄이 태어난 건지. 그 애벌레들이 꼼지락거리며 나의 소중한 루꼴라를 다 갉아 먹었다. 아무리 내가 애벌레를 귀엽게 여겨도 내 채소를 먹어치우는 건 다른 얘기다. 잠시도 쉬지 않고 먹어대는 이 녀석들은 은둔의 천재들이라 잘 보이지도 않는다. 줄기에 착 달라붙어 있으면 구분이 안 된다. 잎 뒤쪽의 잎맥을 따라 교묘하게 숨어 있다. 운 좋게 방금 싼 똥을 발견하면 그 근방을 뒤져 잡을 수 있지만, 그래봤자 고작 한두 마리다. 상황이 이렇다고 약을 칠 수도 없다. 너덜너덜해진 잎이나마 먹긴 해야 하니까.

그래도 애벌레는 약과다. 진짜 강적은 진딧물이다. 애벌레를 잡느라 체력을 꽤 소진해버린 나는 이 진딧물을 무사히 넘긴 적이 없다. 식물 집사 십수 년째인 나로 말할 것 같으면, 진딧물 정도는 아무렇지 않게 맨손으로 훑어서 으깨버리는 공력을 가지고 있다. 하지만 그것도 어느 정도여야지. 새로 나오는 이파리나 여린 꽃봉오리만 공략하는 진딧물 군단은 며칠만 지나도 차마 똑똑히 쳐다보기가 힘들 정도로 달라붙어 있다. 어디서 어떻게 오는지 도무지 알 수 없는 진딧물은 매년 여름마다 새순과 꽃봉오리를 장악한다. 테이프로 일일이 찍어내기를 며칠, 나는 이내 포기하고 다음 구원 투수를 준비한다. 매번 효과가 미미하단 걸 알지만, 마요네즈에 소주에 물엿에 주방세제를 동원한다. 팔에 근육통이 생길 정도로 스프레이질을 하고 나면 진딧물은 잠시 보이지 않는 듯하다가, 다시 며칠이 지나면 보란 듯이 내 식물을 감싸고 즙을 빨아 먹고 있다.

"나 이제 못 하겠어!"

나는 아이 앞에서 진딧물이 잔뜩 붙어 초록색이 된 스카치테이프를 던지며 우는 시늉을 한다. 현실적인 아이는 매번 말한다. "엄마,

진딧물은 못 이겨. 암컷 혼자 수천 마리를 낳는대. 며칠만 지나도 벌써 새끼의 새끼가 나온다잖아." 나는 겨우 한 줌 남은 전의마저 상실한다. 나는 매번 지면서도 매년 고군분투한다. 독한 약을 뿌려대면 아마도 상당히 퇴치할 수 있을 것이다. 하지만 이제 막 나오는 여린 새잎과 꽃봉오리가 타격을 받을 것이고, 무엇보다 옥상에 붕붕거리며 놀러 오는 꿀벌들은 어쩌랴. 어차피 지는 게임이다. 손끝이 진딧물의 사체로 끈적끈적해질 때까지 진딧물을 으깨거나, 돋보기를 쓰고 테이프로 종일 찍어낸다 한들, 남은 진딧물들은 내일이면 다시 수천의 자손을 번성시킬 것이다. 올해는 꽃이 셀 수도 없이 만발한 다섯 종류의 푸크시아에 모두 진딧물이 달라붙어서 애를 먹었다. 내가 할 수 있는 모든 방법을 동원하여 방어했지만, 예민하고 여리여리한 푸크시아 꽃봉오리들은 진딧물에게 속절없이 진액을 빨렸다. 이 전쟁을 끝내는 길은 진딧물이 잔뜩 붙은 가지를 단호하게 전부 잘라내는 것뿐이다.

육아에서도 줄곧 지는 게임이 있다. 조금만 방심하면 어느 틈엔가 우리를 완전히 장악해버리는 스마트폰과의 전쟁이 모든 집에서 진행 중일 것이다. 온갖 방법을 동원하다가 결국은 현실과 타협하고 만다. 인류를 망치려고 미래에서 보냈다는 스마트폰은 사실 우리의 삶을 꽤 편하게 만들어주었다. 하지만 이것에 너무 몰두하고 집착하는 것이 문제다. 해적처럼 종이 지도와 나침반을 보면서 여행을 다니던 나도 지금은 스마트폰으로 거의 모든 것을 하고 있다. 그러니 스마트폰이 있는 시절에 태어난 아이들은 오죽할까. 아직 말이 서투른 아기들조차 스마트폰은 능숙하게 다룬다. 장난감을 가지고 놀거나, 부모와 놀고 대화하고 그림책을 보아야 하는 아이의 시간을 스마트폰이 상당 부분 뺏어버렸다.

스마트폰에 몰두한 어린아이를 보고 아이랑 놀아주기 힘든 게으른 부모가 애한테 스마트폰을 줬을 거라고 비난하는 사람들이 있다. 부모가 내내 스마트폰을 쥐고 사니까 아이도 온갖 것이 나오는 작은 화면에 맘을 빼앗긴 게 아니냐고 생각할 수도 있다. 하지만 언제나 그렇듯 보이는 모습이 전부가 아니다. 아이가 스마트폰을 보는 것에 처음부터 관대한 부모는 없다. 부모는 아이가 스마트폰을 보겠다고 떼쓰고 울고불고할 때 혼내고 타일러보고 시간을 정하고 다시 약속하고 온갖 것을 했을 것이다. 하지만 때때로 너무 힘들고 지쳐서 밥이라도 제대로 먹으려면, 마트에서 필요한 물품을 재빨리 담기 위해서 아이에게 스마트폰을 보게 했을 것이다. 누군가와 조금이라도 제대로 된 대화를 하려면 아이에게 스마트폰을 줄 수밖에 없다. 그래서 명절은 아이들이 스마트폰을 가장 많이 할 수 있는 기회의 날 아닌가.

게다가 이 사회는 아이들의 소리에 민감하다. 언제부턴가 애들

소리가 나면 날카로운 시선이 화살처럼 박히기 시작했는데, 그걸 온 몸으로 맞아야 하는 사람은 거의 엄마다. 아빠들은 이 시선에서 거의 벗어나 있으므로 화살의 존재도 잘 모른다. 식당, 마트, 카페, 대중교통 할 것 없이 공공장소에서 내 아이의 소리가 크게 나면 안 된다. 엄마는 이미 화살을 하도 맞아서 만신창이가 되었기 때문에 살기 위해서는 때때로 어쩔 도리가 없다. 가장 효과적으로 아이를 조용하게 만들어주는 스마트폰을 줄 수밖에 없는 것이다. 몇 번 그런 상황을 겪은 아이는 이런 시간은 으레 스마트폰을 하는 시간으로 완전히 인식하고 있고, 반드시 해야만 하는 아이로 바뀌어 있다.

하지만 우리는 부모니까 천년만년 이것을 변명으로 삼을 수는 없다. 아이가 습관처럼 스마트폰을 들여다보도록 내버려 두는 건 방치에 가깝다. 물론 나도 때로는 공공장소에서 스마트폰을 내어주었기에 그럴 수밖에 없는 상황과 마음을 사무치게 잘 안다. 그래도 나는 내 아이가 스마트폰에 매달리지 않는 아이이길 간절히 바랐다. 그래서 언제나 대체품을 가지고 다녔다. 스마트폰은 밀리고 밀려서 한계에 부딪혔을 때 내놓을 마지막 보루였다. 나는 보따리상처럼 가방에 작은 수첩과 색 볼펜, 접기 놀이를 할 수 있는 색종이, 미니카와 작은 동물 모형과 책을 항상 넣어 다녔다. 아이가 지겹게 느껴지는 시간에 이 몇 가지로 충분히 재미있는 시간을 보낼 수 있도록 말이다. 물론 그때 내가 스마트폰을 보고 있으면 안 되는 건 당연하다. 스마트폰이 버젓이 있는 세상에서 아이에게 스마트폰을 보여주지 않는 건 꽤 힘든 일이다. 그래도 부모가 된 이상 타협하면 안 되는 것들이 있다. 아이가 떼쓰는 게 가능하다고 여기기 때문이다. 누울 자리를 보고 발을 뻗는 것이기 때문에 안 되는 건 명확하게 알려주어야 한다. 그러면 아이의 마음에도 갈등이 사라진다.

은찬이가 초등학교를 졸업할 때까지 스마트폰을 사주지 않았던 건 우리가 아이를 키우면서 정말 잘한 일 중에 하나다. 사실 중학생이 될 때도 사줄 생각이 없었다. 그런데 내 친구들이 중학생에게는 꼭 필요하다고 입을 모았다. 공지가 단톡방으로 온다거나, 각종 활동에서 메신저나 앱 사용이 많아 불편이 따를 것이라고 했다. 그래도 여전히 탐탁지 않았지만, 중학교 생활이 온라인으로 시작되는 바람에 부랴부랴 스마트폰을 사주었다. 역시 쓰임이 상당했다. 버텼더라도 결국은 두 달 안에 굴복했을 것이다.

스마트폰을 사주면서 잔소리를 늘어놓는 것으로 부모 역할이 끝난 게 아니다. 스마트폰은 의지 무력화에 도가 튼 물건이라 아이의 의지만 믿었다가는 큰코다친다. 따라서 어린이는 물론 청소년의 스마트폰 이용에는 규제가 필수다. 스마트폰을 사주면서 게임하지 않기와 방으로 가지고 들어가지 않기를 아이와 약속했다. 우리 가족의 스마트폰은 언제나 식탁 위에 놓여 있다. 1년 반이 넘도록 아이는 이 약속을 잘 지켰다. 그런데 중학교 2학년 여름 방학이 지나면서 은찬이도 스마트폰을 보는 시간이 부쩍 늘어났다. 기본 원칙은 지켰지만, 자꾸만 식탁 주변을 배회하며 괜히 스마트폰을 들여다보았다. 몇 번이나 싫은 소리가 오갔다. 그래도 스마트폰을 보는 시간은 갈수록 늘어나서 시간 제재가 필요한 순간에 이르렀다. 나는 몇 가지 시간을 선택지로 제시했다. 그러자 믿기 힘들게도 아이 스스로 가장 적은 시간을 골랐다. 자신의 의지로 스마트폰을 조절하기 힘들다는 사실을 이미 느끼고 있었던 것이다.

모든 가정은 스마트폰 때문에 작든 크든 불화를 겪는다. 매번 혼내고 잔소리를 퍼부어도 효과는 잠깐이다. 부모도 지칠 대로 지쳐서 아이에게 조금도 먹히지 않는 잔소리만 가끔 날릴 뿐이다. 하지만 아무리 지긋지긋해도 정신을 차리고 방법을 생각해야 한다. 요즘 애들 다 그러니까. 사실 어쩔 수 없는 일이잖아. 이런 포기하고픈 마음을 조금이라도 갖는 순간 무조건 지는 게임이 되고 만다. 여태 지는 게임만 해왔다면 방법과 정도를 바꿔야 한다. 이제라도 당장 원칙을 세우고 단호한 결단을 내려야 한다. 최소한의 사용 규칙을 철저히 세워야 한다. 그리고 그 규칙이 힘을 갖도록 부모도 함께 노력해야 한다.

벚나무 잎에 매달린 사마귀

잎을 파먹은 벌레를 포식한 사마귀가 의기양양한 모습으로 매달려 있습니다.
채소에 붙은 벌레도 해결해주면 좋을 텐데요.
무조건 지는 게임은 없습니다.
포기하지 않으면 반드시 방법을 찾을 수 있어요.

3장 가을

단단하게 여무는 시간

빠른 것의 함정

우리 집은 넓지 않아서 식물에 내어줄 수 있는
공간이 매우 한정적이다. 그나마 봄부터 가을까지는 옥상에 식물의
절반을 내놓으니 약간 숨통이 트이지만, 겨울이면 혹독한 추위를 피
해서 모조리 실내에 들여야 한다. 화분을 들였다 내었다 하는 노동
이 갈수록 버겁게 느껴지는 건 공간 때문이다. 매년 비좁아진다. 맘
먹고 식물의 가짓수를 줄여보아도 매한가지다. 식물들이 계속 성장
하여 몸집을 불리기 때문인데, 어떤 것은 한 해 사이에 다섯 배가 넘
게 자라기도 한다. 잘 자라는 식물을 보면 참으로 대견하고 기쁘지
만 한편으로는 감당하기 힘들다는 생각이 들기도 한다. 안 자란다고
타박할 때는 언제고 이제는 너무 커져서 곤란하다니 식물 입장도 난

감할 테지만, 식물의 특성과 크기를 고려해 집안 곳곳에 자리를 만드는 나는 매년 겨울마다 아주 골머리가 썩는다.

이런 나의 걱정과 근심 밖에 있는 식물들이 있다. 다육이와 선인장이 그 주인공이다. 올망졸망한 다육식물도 세어보니 스물다섯 개나 되는데, 이 식물들이 차지하는 공간은 정말 놀랍도록 얼마 안 된다. 이 녀석들은 한결같다. 물론 다육식물도 자라지만 성장이 빠르지 않기 때문에 화분이 클 필요가 없다. 시중들기도 어렵지 않다. 가끔 만져봐서 말랑거리고 쪼그라든 것 같다 싶으면 물을 주면 된다. 그러면 다음 날 통통하고 보애져 확연하게 예뻐져 있다. 다육식물 말고도 가까스로 파종에 성공한 에둘레 소철이라는 귀여운 식물도 있다. 이 식물도 느린 것으로 아주 유명하다. 말도 안 되게 멋진 작은 잎을 1년에 딱 하나씩만 새로 올린다. 1년에 잎 하나라니, 너무 멋지지 않나.

느리게 성장하는 식물은 어지간한 환경에 잘 적응한다. 성장이 느리니까 필요한 것이 많지 않고 주변을 잘 살피면서 맞추어간다. 건조에도 잘 견디고, 극심한 더위나 추위가 매우 장기적인 상황이 아니라면 버틴다. 천천히 자라니까 2, 3년에 한 번만 화분의 흙을 바꾸어주면 된다. 키우는 사람의 노동도 최소한만 요구하고 까탈스럽지 않으니 모두의 사랑을 받을 만하다. 번식의 방식도 굉장하다. 누군가가 내 다육식물을 보고 마음에 들어 한다면 잎 하나를 떼어주면 된다. 선인장도 작은 녀석을 톡 떼어주면 된다. 그렇게 떼어낸 다육식물의 잎이나 몸체를 그냥 마른 흙 위에 얹어만 두면 뿌리를 슬슬 내리고 다시 새 개체가 되는 것이다. 느리게 자라는 식물이 갖는 놀라운 적응력은 시사하는 바가 크다.

육아의 세계에서는 느린 게 안 좋다고 여겨진다. 예부터 아이가 빠른 것은 좋고 칭찬받아 마땅한 것이었다. 육아에서 빠른 게 나쁘다고 받아들여지는 건 아마 성조숙증이 유일할 것이다. 부모는 내 아이가 하는 모든 것이 평균보다 빠르면 기쁘고, 조금이라도 늦으면 걱정이 태산이다. 육아 카페를 보면 이제 막 엄마가 된 이들 모두 같은 마음이다. 목을 가누는 것부터 뒤집기, 앉기, 배밀이, 걷기 등을 항상 같은 개월 수의 아이들과 비교하며 우리 아이는 빠르네, 느리네 하며 있는 걱정 없는 걱정을 다 한다.

내 아이는 애초에 시작 자체가 말도 안 되게 뒤쪽이라 일찌감치 경쟁의 대열에서 강제적으로 멀어질 수밖에 없었다. 나는 천천히 자라는 아이와 아주 많은 시간을 느릿하게 보내야 했다. 많은 것을 나중으로 미뤄두었고 그마저도 천천히 했다. 하지만 그 덕분에 그래도 괜찮다는 걸, 부모도 아이도 덜 힘들고 편할 수 있다는 걸, 오히려 나을 때도 많다는 걸 알게 되었으니 세상일은 참 알 수가 없다. 이 글은 어려서부터 빨리 달려야 줄곧 앞설 수 있다고 생각하는 분들이 있다면 한 번쯤 다시 생각했으면 하는 마음으로 쓴다. 아직 현실을 모르고 이상적인 것만 생각하는 어린아이의 엄마 말이 아니고 입시 공부의 한복판에 서 있는 청소년을 키우는 엄마의 말이니까 한번 믿어봐도 괜찮을 것이다.

물론 처음에는 나도 아이가 늦은 만큼 걱정과 조급함이 있었다. 또 성장이 느린 만큼 다른 것, 이를테면 소근육이나 말하기 같은 건 좀 빨랐으면 하는 보상심리도 있었다. 그래서 조카가 물려준 장난감 더미에서 왠지 두뇌 발달에 좋아 보이는 장난감들을 골라 아이에게 디밀기도 했다. 하지만 아이는 나의 권유나 시범에 잠깐 흥미를 보일 뿐, 다시 원래 가지고 놀던 장난감을 가지고 놀았다. 이런 일들이 반복되었다. 아이가 내가 원했던 장난감을 잘 가지고 놀게 된 시점은 항상 내가 마땅하다고 생각했던 때보다 한참이나 뒤였다. 빨랐으면 하는 내 욕심으로 나는 아이에게 걸맞지 않은 것을 권한 것이다. 몇 번 만에 나는 깨끗하게 물러섰다. 아이가 원하는 것들을 마음껏 갖고 놀게 내버려 두었다.

은찬이는 편안한 마음으로 정말 오랫동안 장난감을 가지고 놀았다. 주위에서는 최소한 초등 3학년부터는 장난감을 치우고 학습에 집중시켜야 한다고 했지만 정말 딱 그때부터 아이는 창의적으로 놀기 시작했고, 나는 그걸 보는 게 좋았다. 은찬이는 초등 고학년이 되도록 나의 전폭적인 지지 아래 공룡과 블록을 가지고 놀았다. 특히 물려받았던 자석 블록을 가장 오래 가지고 놀았는데, 온갖 다각형과 다면체 만들기를 지치지도 않고 재미있어했다. 이 자석 블록은 아이가 중학교 1학년 여름이 되어서야 나눔을 보냈다. 내 아이에게 창의적인 구석이 조금이라도 생겼다면 모두 이 시간 덕분이라고 확신한다. 아이들에게는 심심함을 해결하기 위해 고민하다가 이것저것 시도해보는 시간과 혼자서 빈둥거리는 무용한 시간이 꼭 필요하다.

부모들의 '내 아이가 늦은 것은 아닐까?' 하는 우려는 해가 갈수록 심해지다가 아이들이 학습을 시작하면 극에 치닫게 된다. 공부가 너무나도 중요한 세상이 되어서 그런지 다들 일찍부터 아이의 학습에 매달린다. 그런데 공부 역시 '느림'의 가치가 빛을 발하는 종목이다. 믿기지 않겠지만 사실이다. 토끼와 거북이의 이야기와 일맥상통하는 부분이 있다. 공부에서 '시작의 빠름'이 '계속 빠름'이면 참 좋겠으나, 문제는 공부가 장기전이라는 것이다. 그렇기에 빠른 것을 끝까지(끝을 대학 입학이라고 치자) 유지하기란 정말 힘든 것이 현실이다. 공부는 단거리 경주가 아니기에 빨리 달리기 시작했다고 안심할 수 없고, 달리는 주체가 사람이기에 쉬지 않고 달릴 수 없음을 간과해서는 안 된다.

학부모가 되면 봇물 터지듯 여기저기서 사교육에 관한 이야기가 넘쳐난다. 영어는 워낙 기본이라 못하는 아이가 없다고 하고, 과학도 국어도 할 것이 줄줄이 대기 중이다. 그래서 아이들의 방학은 더 혹독하다. 학원의 방학 특강은 학교보다 훨씬 더 빡빡한 스케줄로 돌아간다. 일찍부터 해두지 않으면 뒤처지는데, 공부 역전은 죽었다 깨도 불가능하다고들 한다. 공부에 등 떠밀 생각이 전혀 없던 부모들조차 학부모가 되면 시동이 걸린다. 두려워서 그렇다. 특히 수학에 대한 선행 열기는 엄청나다. 최소한 2년 선행은 기본이라는 소리를 내내 들어왔다. 아무리 늦어도 초등 5학년에는 중학교 수학을 들어가야 하고, 중학교 때는 고등 수학을 끝내야 한단다. 그래야 개념, 유형, 조금 심화, 완전 심화까지 반복할 수 있고, 그래야 어떤 문제가 나와도 바로 줄줄 풀어낼 수 있는 무적의 상태가 된다는 것이다.

난 이 얘기를 처음 듣자마자 이건 헛소리라고 생각했다. 물론 지금도 같은 생각이다. 학부모의 두려움을 빨아먹고 사는 학원에서 시작한 질 나쁜 수작질이 틀림없으리라. 혹시 내가 모르는 사이에 공부의 본질이 바뀌어 이런 식으로 혹독하게 시켜야만 하는 것이라면, 혹은 이렇게 해야만 반드시 상위권에 도달할 수 있는 것이라면 뒤도 안 돌아보고 기쁜 맘으로 포기하겠다고 결심했다. 혹시라도 이걸 비슷하게나마 해내는 아이가 있다면 그것은 자기 의지가 아닐 것이 틀림없다. 왜냐하면 기껏해야 초등학생, 중학생인 아이니까.

그리고 그 아이는 어린 시절에 마땅히 누려야 하는 노는 시간, 휴식 시간, 잠자는 시간을 최대한 공부에 쓰고 있는 것이다. 수학 문제집을 단계마다 몇 바퀴씩 돌려야 한다는 얘기는 인터넷 카페와 엄마들 사이에서 정론처럼 돌고 돈다. 같은 문제집도 여러 번 반복하라는 글이 즐비하다. 이것을 흉내라도 내기 위해서는 무리한 선행 학습밖에는 도리가 없으니, 수학 공부의 물레방아가 시작되는 시점은 점점 빨라진다. 여기저기서 '최소한'이라는 단어가 넘쳐난다. 그렇다면 늦은 아이는 어떻게 되는 걸까? 여기서 늦다는 건 자기 학년에 맞추어 공부하는 것을 말한다. 그런 아이는 무조건 뒤처져서 나락으로 떨어진다는 것인가?

은찬이는 학습도 무척 늦게 시작했다. 그 흔한 학습지조차 한 적이 없고, 누구나 몇 번쯤은 본다는 학원의 레벨 테스트도 받아본 적이 없다. 은찬이의 학년이 올라갈수록 나의 주변 친구들이 안달을 냈다. 어떡하려고 그러냐고, 최소한 영어는 해야 할 거 아니냐며 한숨을 푹푹 내쉬었다. 하지만 해를 거듭할수록 나와 남편의 생각은 점점 더 확고해졌다. 느리게 시작하는 것과 천천히 걷는 것이 낙오되는 게 아니라는 사실을 알게 되었기 때문이다. 또 우리가 살아오면서 본 수많은 이들의 모습과 아이를 키우는 동안 겪고 깨달은 것들로 인해 우선순위로 두어야 하는 것이 명확했다. 그래서 마음의 여유를 잃지 않았다. 결정적으로 나도 남편도 아이가 도달하길 바라는 목표가 없었기에 은찬이는 열세 살이 되도록 봄날의 강아지처럼 걱정 없이 놀 수 있었다. 하지만 가끔은 내 아이의 어떤 기회를 박탈하고 있는 것은 아닐까 싶어 심란해지기도 하였다. 때때로 그런 마음이 죽순처럼 자라 나오면 그것을 외면하지 않고 더 깊게 고민하고, 남편과 치열하게 대화하고, 좋은 방향이 무언지를 골몰하였는데, 항상 결론은 같았다.

지금은 내 아이에게도 사교육을 시킨다. 중학교 입학을 앞두고 영어를, 중학교 2학년 봄부터는 수학을 공부하러 다닌다(이마저도 고등학생이 되기 전에 그만둘 예정이다). 두 곳 모두 집에서 5분 이내에 있는 작은 교습소로 남편과 꽤 많은 곳을 방문해보고 선택하였다. 시험도 보지 않고, 레벨도 나누지 않는다. 특히 수학은 교습소라기보다는 독서실에 가깝다. 한 번에 두세 명의 아이들이 모여서 자신이 선택한 교재로 각자 묵묵하게 공부하다가 오는 곳이다. 숙제조차 없어서 그저 규칙적으로 공부하는 데에 목적을 둘 수 있다. 찾아보면 이런 곳들이 있다. 이런 작은 교습소에서는 아이가 스스로 공부할 수 있는 방식으로 협의할 수도 있다. 그리고 확실히 느끼는 것은 공부를 늦게(그러니까 제때) 시작하니까 아이의 이해가 빠른 건 분명히 있다. 효율성이 굉장히 좋다는 말이다. 다른 아이들과 영어도 금세 비슷한 수준이 되었다. 실컷 놀고 느지막이 시작한 아이가 1년도 안 되어서 어릴 때부터 지겹고 어렵게 4~5년 동안 배워 도달한 수준으로 해낼 수 있다면 어떤 것을 택하겠는가.

특히 공부는 반드시 자신의 의지와 동기가 필요한 영역이다. 그렇기에 의지가 약한 어린아이들의 학원 학습은 효율이 낮을 수밖에 없다. 효율만 낮으면 그래도 괜찮으련만, 하기 싫은데 억지로 하는 것이므로 대충 흉내만 내고 겨우 숙제나 하는 것이고, 공부는 누가 시켜서 어쩔 수 없이 한다는 마음을 차곡차곡 쌓아간다는 게 문제다. 귀한 시간과 돈을 써가면서 말이다. 아이의 이해도나 성향에 따라 예습해야만 이해하는 아이도 있고, 복습을 꼭 해야만 하는 아이도 있다. 물론 워낙 똑똑해서 2년이든 3년이든 쭉쭉 아무 문제없이 해나갈 수 있다면 무슨 걱정이겠나. 하지만 대부분은 그렇지 않다. 그 정도로 잘할 수 있는 아이는 아주 소수다. 그런데도 너나없이 무조건 빨리 시작하니까, 최소한 2년은 앞서가는 게 기본이라니까, 부모는 몸도 마음도 준비가 안 된 아이를 달리기의 출발선에 세운다. 이게 아이들이 겪는 고통(비유가 아니라 실재하는 고통이다)의 원인이다. 너무 일찍부터 달리기 시작한 아이들은 어려서도 놀지 못했다는 불만과 끝이 없어 보이는 지겨운 반복으로 지쳐간다.

모든 부모는 자식의 일이라면 무언가 기대하고 희망한다. 설령 밑 빠진 독이라도 많은 양을 계속 쏟아부으면 그 독의 물이 완전히 빠지지 않을 거라고 희망한다. 나 때는 이런 학원이 없었으니까, 나한테는 부모님들이 이런 투자를 안 해줬으니까, 나도 비싼 과외를 받았으면 좋은 대학에 갔을 텐데 생각을 하면서 말이다. 잠시도 멈출 수 없다는 게 고통스러워도 밑 빠진 독이 드러나는 일은 더 참을 수 없다고 여긴다. 하지만 밑 빠진 독 같은 건 없다는 걸 알아야 한다. 빠른 것의 달콤함에 현혹된 부모와 그 아이들이 겪는 고통에 대한 이야기가 차고 넘친다. 이제는 고통과 비효율의 고리를 끊을 때가 왔다. 세상은 이미 많이 변했고 점점 더 빠르게 변하고 있다. 천천히 걷는 사람이 많아졌고, 추구하는 가치도 다양하게 변하고 있다. 나는 그런 사람이 더 빠르게, 더 많이 늘어났으면 하고 바란다. 그래서 속도에 집착하는 많은 부모와 아이들이 좌절과 고통에서 벗어났으면 좋겠다.

사랑초의 새싹

사랑초 구근은 가을이 오면 슬슬 깨어나 싹을 냅니다.

그런데 유독 빠르게 자라 나오는 새싹은 의지할 데가 없어 결국 쓰러집니다.

아이들도 남들보다 앞서간다고 늘 좋은 것이 아닙니다.

편하게 더 잘할 수 있는 알맞고 적당한 때가 있습니다.

우리 조금 여유를 가져볼까요?

무관심도
노력이 필요한 일

"일이 바빠서 신경을 못 썼더니, 식물들이 더 잘 자랐더라고요." 식물계에는 이런 일이 자주 있다. 물론 식물은 신경을 써야 잘 자란다. 근데 왜 이런 말이 나오냐면, 그동안 너무 지나치게 신경 썼기 때문이다. 자꾸만 들여다보면서 뭐 해줄 게 없나 괜히 살피다가 일을 치르고 마는 것이다. 식물계에서는 차라리 물을 안 주는 사람이 낫다는 말이 있다. 바지런을 떨면서 매일 들여다보면 괜히 물을 더 주게 되어서 그렇다. 실내 식물은 목마른 것보다 과습이 더 위험하다. 식물계에는 '과습러' 또는 '과습 빌런'이라는 용어가 있는데 물을 자주 주는 사람이나, 식물에 물 주기를 매우 좋아하는 사람을 칭하는 말이다. 과도한 물 주기는 식물을 키우기 시작한 사람들이 겪는 초기 증상이고, 나도 한때는 과습러였다. 여러 시행착오를 겪으면서 물 주기를 참게 되었다. 이제는 식물이 물을 달라고 말하기 직전에 딱 맞춰서 물을 주는 경우가 제법 많다. 하지만 여전히 물을 많이 줘놓고는 젖은 흙을 뒤적이고 신문지로 물기를 찍어내며 전전긍긍하는 때도 있다.

이런 나에게 리톱스라는 아주 새로운 스타일의 식물이 생겼다. 같은 종류가 많다며 식물 친구가 몇 개나 보내주었다. 리톱스는 사막 같은 건조 기후 태생으로 동물에게 먹히지 않기 위해 돌처럼 보이려 애쓰는 식물이다. 하지만 색과 무늬가 이 세상에서 보던 것과 달라 돌보다는 먼 우주에서 지구로 떨어진 신비한 존재처럼 느껴진다. 이런 리톱스가 너무 신기하고 귀여워서 자꾸만 눈이 갔다. 그런데 우리 집에 온 지 몇 주가 지나면서 귀염둥이 리톱스들은 오래된 풍선처럼 탄력을 잃어가기 시작했다. 몸체를 눌러보니 생각보다 말랑했고, 그러고 보니 키도 처음보다 줄어든 것 같았다. 리톱스는 수분이 부족하거나 더우면 땅속으로 들어가는 습성이 있기에 나는 입술을 뜯으며 며칠을 고민하다가 도저히 안 되겠다 싶어 물을 주었다. 다음날이 되자 몸이 주름 하나 없이 빵빵해졌다. 하지만 기쁨은 잠시 리톱스가 자라기 시작했다. 하루하루 지날수록 귀염둥이들은 키다리가 되어갔다. 이런 모습의 리톱스는 본 적이 없었다. 귀엽기만 하던 리톱스는 상당히 이상한 모습이 되었다. 식물 친구들은 관엽 식물을 키우던 사람이 리톱스를 키울 때 흔히 볼 수 있는 현상이라고 위로해주며 탈피할 때까지 기다리는 수밖에 없다고 했다.

리톱스는 1년에 한 번씩 탈피한다. 동물처럼 말이다! 때가 된 리톱스는 가운데가 벌어지기 시작하는데, 그 사이로 이미 말끔하게 준비된 새 리톱스가 나온다. 이것은 내가 상상도 못 한 방식이었다. 심지어 두세 개가 나올 때도 있다. 길을 터준 원래의 리톱스는 점점 말라 소멸하고, 새로 태어난 리톱스는 점점 커져서 다시 새 삶을 시작한다. 이렇게 리톱스는 영원불멸의 놀라운 방식으로 살아간다. 불행히도 내 리톱스들은 탈피가 순조롭지 않았다. 워낙 키다리가 되었던 터라 탈피의 과정이 만만치 않았다. 길어진 몸체가 갈라지고 마르기까지 부지하세월이 걸렸다. 나의 구조 요청에 갈라지는 원래 리톱스를 찢어라, 뾰족한 걸로 찔러 상처를 내면 빨리 마른다, 새로 나오는 아이가 쑥 커지도록 물을 주라는 둥 여러 방법이 제시되었고, 나는 차례대로 전부 다 했다. 결론만 말하자면 내가 키우는 리톱스의 대부분은 누가 뽑아간 것처럼 하루아침에 녹아 흔적도 없이 사라졌다. 어찌어찌 탈피해낸 리톱스도 구엽의 양분을 빼먹지 못한 까닭에 크기가 처음의 반의반으로 줄어버렸다.

해충이 식물을 휩쓸었을 때처럼 나는 무력감과 우울감에 빠졌다.

내가 괜히 안달복달하며 손을 대는 바람에 귀여운 돌멩이들이 하루 아침에 녹아버렸다는 자책과 내게 리톱스를 보내준 분을 향한 죄스러움이 범벅이 되었다. 그냥 내버려두었다면 백날이 걸리더라도 옛 리톱스는 자기의 속도대로 말랐을 것이고, 새 리톱스는 몸집을 서서히 불려서 원래와 비슷한 크기가 되었을 것이다. 아니, 최소한 소멸하진 않았을 것이다. 어디 리톱스뿐이랴. 물이나 잘 주고 환기나 잘 시키고 때 되면 분갈이나 잘해줄 것이지, 괜히 식물이 알아서 할 일에 과도하게 관여하는 바람에 오히려 화를 키운 일은 일일이 열거하기도 벅차다. 돌돌 말려 나오는 새잎이 힘들어 보여서 도와주려다 분지르고, 막 올라온 새싹의 씨앗 껍질을 굳이 벗겨주려다 떡잎까지 떼버린다. 내버려뒀더라면 식물이 알아서 잎도 잘 펴고 껍질도 벗어 던지면서 아주 멀쩡히 잘 살았을 것인데 말이다.

아이를 키울 때도 과도한 참견과 간섭이 오히려 역효과를 내고 마는 일은 비일비재하다. 때로는 아예 무관심했더라면 차라리 나았을 상황도 있다. 또 아이가 자라면서는 못 본 척, 모른 척, 얼마간 무관심해야 하는 순간들이 점점 더 늘어난다. 그런데 그런 순간에 닥치면 어떤 태도를 보일지 결정하는 게 무척 힘들다. 이런 건 못 본 척하는 게 낫겠다든지, 이런 상황에는 잔소리하지 말고 참자거나, 이번에는 참견해야겠다는 판단을 순간적으로 해야 한다. 그리고 그 판단은 양육자의 성향이나 경험, 성격, 심지어 그날의 기분에 따라 다를 것이다. 문제는 그 결정이 적절한 판단이었는지 명확히 알 수도 없다는 데 있다.

은찬이도 나 못지않게 뒷일을 먼저 생각하는 타입이다. 아주 어려서부터 그랬다. 겁도 많고 조심성 많은 성격도 한몫했다. 나와 비슷하니 이해해줄 만도 한데, 나는 아이의 그런 성격이 항상 과하게 느껴졌다. 아이가 고민하는 시간은 언제나 너무 길었다. 나는 아이의 결정을 기다리다 보면 초조하고 답답하고 때에 따라 부아가 치밀어서 당장 하든지 말든지 정하라고 다그쳤다. 그러면 아이는 자기가 만족할 만큼 따져볼 시간을 충분히 확보하지 못했으므로 해보려는 시도 자체를 접고 만다. 그럴 때마다 나는 한 번 더 생각해보라고 다시 재촉하거나(시간이 두 배로 걸리는 원인이다), 내가 억지로 하게 하거나(불안을 더 키우는 원인이다), 앞으로도 계속 이건 하지 말라면서 속을 긁었다(가장 악영향을 준다). 아이 스스로 정하기까지 아이 마음에 간섭하지 않고 도를 닦는다 생각하면서 충분히 기다려줬더라면 어땠을까?

누군가를 잘 알기 위해서는 대화가 필수다. 가족도 마찬가지다. 우리 가족은 대화를 정말 많이 한다. 다른 가족들의 평균보다 몇 배 수준이 아니라 나이아가라 폭포와 같은 수준이다. 이는 대화의 양만큼이나 아이의 많은 부분을 안다는 뜻이지만, 한편으로는 많은 부분에서 간섭할 수 있는 아주 좋은 조건이기도 하다. 모든 부모가 그렇듯이 나 역시도 간섭이 아이에게 좋지 않다는 생각을 이미 갖고 있다. 어른의 간섭이 싫었던 경험을 숱하게 겪었기 때문이기도 하고, 아이 혼자 해내는 것이 더 낫다는 조언을 많이 들었기 때문이다. 아이의 속상한 마음이나 어려움까지도 속속들이 알고 싶은 마음과 간섭하는 엄마가 되고 싶지 않은 상반된 마음이 늘 공존한다.

하지만 아이가 자라면서 속속들이 알지 못하는 것들이 어쩔 수 없이 늘어간다. 앞으로 훨씬 더 많아질 것이다. 그것은 자연스러운 일이지만, 그것과 별개로 여전히 궁금하다. 어쩌다 우연히 보게 된 낙서로 미루어 누굴 좋아하는 거냐고 묻고 싶지만 참고, 집으로 들어서는 아이의 표정을 보고 속상한 일이 있었는지 묻고 싶어도 참는다. 어느 날 아이가 나에게 이런저런 이야기를 하면 너무 반가워하는 티는 내지 말아야지 생각하면서 말이다. 아직은 시시콜콜한 이야기를 잘하지만, 작정하고 숨기고자 하면 그럴 수 있는 나이가 되었다. 아이에 대한 걱정이 있는 날이면 남편과 이야기를 나누고, 각자의 경험과 보고 들은 것, 아이의 성격 등을 고려하여 그저 지켜만 볼 것인지, 아이가 생각할 수 있는 여지를 줄 이야기를 은근슬쩍 해줄 것인지, 아니면 터놓고 셋이 끝장토론을 해볼지를 결정한다. 하지만 고민 끝에 내린 결정이 최선인지는 역시 알 수 없다. 그저 부모도 노력할 뿐이다. 아이보다 더 많은 시간을 고민하면서 말이다.

부모가 자식의 일에 무관심한 것이 가능한 건지 모르겠다. 부모와 자식은 관심을 두지 말란다고 그렇게 쉽게 무관심해질 수 있는 관계가 아니다. 물론 정말로 무관심한 부모도 있음을 안다. 하지만 많은 부모들은 아이의 상황에 따라 모른 척, 안 본 척, 무관심한 척을 겨우 할 수 있을 뿐이다. 나는 사춘기가 오면 완전히 다른 애가 된다는 친구의 말에 각오를 단단히 하고 있다. 아직 은찬이는 조금 무뚝뚝한 증상이 있다가 없다가 한다. 예전과 달리 마음이 상했다는 티를 내면서 방으로 들어가는 모습을 보면 이것이 사춘기인가 싶다. 그런 아이를 잘 참아내다가도 가끔은 아이의 뒤통수에 대고 "야!" 하고 고함을 내지르기도 한다. 그러면 남편이 옆에서 "그냥 둬, 사춘기잖아"라고 한다. 나는 끝내 닫힌 아이의 방문에 대고 "지가 왕이야 뭐야! 왜 내가 지 비위를 맞춰야 해?" 하고 다 들리게 말하는 것으로 마무리 짓는다. 이것 역시도 뒤끝 없는 아이가 한 시간도 안 되어 식사 메뉴가 궁금하다며 아무렇지도 않게 방문을 열고 나온다는 것을 아주 잘 알기 때문에 어쩌다 한 번씩 이렇게 하는 것이다. 설령 내 아이가 어느 날 갑자기 다른 아이가 된다고 해도 나는 그간 쌓아놓은 대화의 방파제를 믿는다. 그 방파제가 신뢰의 벽이 무너지지 않게 해줄 것이다. 가끔은 나도 목청을 높이고 가끔은 아이도 방문을 큰 소리 나게 닫겠지만, 서로의 경계선만은 넘지 않도록 아이도 나도 노력할 것을 안다.

너무 많이 알아서 간섭하기 좋은 조건은, 사실 간섭하지 않기에도 좋은 조건이다. 서로의 마지노선을 잘 알기 때문이다. 무관심한 척도 관심이 있어야 잘할 수 있다. 아이를 정말 잘 알고 있는 사람만이 무관심해야 할 때 잘 무관심할 수 있다. 아이의 일거수일투족을 분 단위로 아는 것, 스케줄을 꿰고 있는 것은 아이를 아는 게 아니다. 아이를 잘 안다는 건 내 아이가 어떤 것에 마음을 쓰고, 어떤 것에 기쁘고, 어떤 일에 마음을 다치는지, 무엇을 좋아하고 싫어하는지, 고민이 있을 때의 미묘한 표정 변화나 말투를 읽을 수 있다는 뜻이다. 물론 더 잘 드러나는 것들도 있다. 공부를 어느 정도 해나가고 있는지, 어떤 과목에서 어려움이 있는지, 동아리에서 무엇을 했는지, 누구와 친한지 같은 것들 말이다. 내 아이를 정말 잘 알아야 무엇을 하지 않을지와 그걸 언제 어떻게 하지 않을지를 정하고 행할 수 있다.

지금은 리톱스를 내 시선이 잘 닿지 않는 곳에 두었다. 리톱스에는 무관심이 약이라는 사실을 늦게라도 깨달은 까닭이다. 그곳에 둔 첫해에는 살아남은 몇 개의 리톱스가 적절한 시기에 일제히 탈피하였고, 터진 구엽이 알아서 마르면서 새 리톱스가 단단하게 잘 여물었다. 리톱스도 나도 몇 계절을 거치면서 서로에게 적응하였다. 그 야단을 겪은 후 리톱스를 열심히 공부했고, 그래서 이제는 자신 있게 무관심할 수 있다.

탈피 중인 리톱스

새 리톱스가 무사히 태어나서 몸집을 키우고 있습니다.
구엽이 아직 너무 탱탱한 상태라
예전의 저라면 온갖 것을 했겠지만 이제는 내버려둡니다.
아이에게도 관심을 두지 않으려면 노력이 필요합니다.
이토록 관심을 기울여야 제대로 무관심할 수 있다니,
육아의 세계는 정말 어렵습니다.

가지치기하는 마음

식물을 키우다 보면 극복해야 하는 단계들이 있다. 분갈이가 첫 관문이라면 다음은 해충 방제다. 약을 쓰기가 그렇게 힘들다. 내 식물에 살충제나 농약을 쓴다는 게 어쩐지 못 할 짓을 하는 기분이 든다. 실내에서 키우는 식물이 많고 아이가 있다는 이유도 있지만, 그저 내 식물에 독한 약을 뿌리는 일이 내키지 않는다. 하지만 좀처럼 사라지지 않는 해충은 사람을 거의 돌아버리게 만들기 때문에 결국 약 한두 가지는 갖추게 된다. 또 하나의 넘기 힘든 산은 가지치기다. 가지치기를 잘하는 사람은 식물 만렙의 포스가 있다. 멀쩡하게 새잎을 내는 가지를 잘라낸다니. 얼마나 식물을 완벽하게 잘 알아야만 그 일을 할 수 있나 싶다.

나는 가지치기는 도무지 자신이 없었다. 내가 자르려는 가지가 잘라도 되는 가지라는 확신이 없었다. 관련된 책을 봐도 나무라는 게 전부 다 제각각으로 생기고 가지는 사방팔방으로 나 있으니 도통 알 수가 있나. 식물은 병에 걸리지만 않으면 알아서 자라는 게 자연 스러운 일 아닌가. 결국 나는 이렇게 생각하기로 했다. '자연 속에서 자라는 식물을 보아라. 누가 가지를 잘라주고 순을 따준단 말인가!' 하지만 나는 내가 키우는 식물은 자연 속에서 자라는 게 아니라는 사실을 간과했다. 나무를 키우다 보면 어느 순간에는 가지를 잘라야 하는 시점이 꼭 오고, 초본 식물만 키우더라도 순지르기나 솎아내야 만 하는 때가 반드시 온다.

내가 어쩔 수 없이 처음으로 가지치기를 도전하게 된 계기는 무화과나무 때문이었다. 덕분에 전지가위까지 샀다. 무화과나무는 봄이 되어 싹이 나기 전에 묵은 가지를 잘라주어야만 열매가 맺힌다고 했다. 꼭 그래야만 한다니까 자르는 것에 크게 마음을 쓰지 않아도 될 터였다. 게다가 무화과나무는 가을에 낙엽이 지고 나면 앙상한 상태로 겨울을 나는데, 잎이 하나도 없으니까 죽은 나무처럼 보여서 그나마 수월했다. 바짝 잘라놓은 무화과나무는 3월 말쯤 첫 잎이 돋더니 6월이 오기 전에 다시 수북해졌다. 기적과도 같은 성장을 본 후부터는 훨씬 더 가뿐한 마음으로 잘라낼 수 있었다.

하지만 잎이 달린 나무의 가지치기는 달랐다. 그저 예쁘게 보이기 위해 나무를 훼손하는 것 같아 마음이 쓰였다. 마치 성형수술을 받게 하는 것처럼 말이다. 아름다운 수형을 위해서 가지 끝까지 생명의 기운이 도는 멀쩡한 가지를 자르는 것이 과연 온당한가 고민이 되었다. 수형이 엉망인 블루베리나무와 치자나무 앞에서 가위를 들고 시간을 끌고 있으니 옆에 있던 은찬이가 말했다. "엄마, 나무를 죽이는 게 아니고 가지를 자르는 거잖아. 팔을 자르는 게 아니고 손톱을 깎는 것 같을 거야." 용기를 얻은 나는 가지의 끝을 손톱 자르듯이 조금 잘랐다.

이후 좀 더 공부해보니 가지치기는 꼭 필요한 일이었다. 길어진 가지를 잘라주어야 균형을 잘 잡아 더 튼튼하게 자라고, 영양분과 햇빛도 골고루 전달된다. 병든 나무를 가지치기하여 살린 경우도 한두 번이 아니며, 길게 자라 무거워진 가지를 아까운 마음에 자르지 못하고 미루다 결국 나무 자체가 쪼개진 적도 있다. 초본식물도 통풍을 위해 빽빽한 잎들은 솎아주는 것이 좋고, 새로 나오는 순을 따주어야 균형 있고 풍성하게 자란다. 가지치기는 한마디로 100보 전진을 위한 50보 후퇴와 같다. 식물생활을 하는 동안 가지치기를 통해 다시 태어난 식물은 아주 많다. 가지치기가 식물을 얼마나 더 건강하고 아름답게 만드는지 일일이 겪어가며 알게 되었다. 그래도 매번 과감하게 자르지는 못한다. 여전히 식물 앞에서 한참의 시간을 보낸다. 가지치기에 따른 위험도 있기 때문이다. 가지치기의 과정에서 식물도 당연히 타격을 입는다. 회복에 애를 써야 한다. 까딱 잘못하면 잘린 부분이 감염되어 탈이 날 수도 있다. 그래도 더 나아질 것을 알고 기대하기에 위험을 감수한다.

　아이를 키우면 이런 순간을 많이 겪는다. 미래를 위해 현재의 고통을 감내해야 하는 순간 말이다. 사실 인간의 모든 성장 단계가 다 어렵고 갖은 애를 써야만 한 계단씩 오를 수 있다. 하지만 나는 아이가 애쓰는 모습을 지켜보는 게 힘든 엄마였다. 아이가 꼭 하지 않아도 되는 것, 이를테면 각종 운동을 탐탁지 않은 기분으로 꾸역꾸역 억지로 하는 모습을 보는 건 힘들었다. 나는 아이가 너무 작고 여리고 미숙하다는 핑계를 두었지만, 사실은 내 성격 탓도 상당하다는 걸 알고 있다. 나는 내가 도와줄 수 있는 선에서는 아이를 도와주고 싶었다. 끙끙대고 못 빠져 나오는 새잎을 보면 내가 조금 잡아당겨 주듯이 말이다. 늦어져도 조금 더 수월하게 할 수 있을 때까지 미루자는 마음과 지금 당장 애를 쓰느라 아이와 내가 받을 스트레스를 양쪽 손에 쥐고 매번 고민하였다. 하지만 아이가 클수록 애를 써야만 해낼 수 있는 것들이 급격하게 늘어났다. 그러면서 나와 남편의 생각은 달라졌다.

사실 생각이 달라진 것이 아니라 아이의 반응에 따라서 내가 이리저리 흔들렸다. 꽤 힘들어 보여도 은찬이가 흔쾌히 하면 나는 아무렇지 않았다. 하지만 영 내키지 않는 듯한 모습을 보면 나중으로 미루고 싶은 마음이 솟구쳤다. 쌩쌩이를 좀 못하면 어때서, 두발자전거를 늦게 타면 어떻다고, 글러브를 껴도 손이 아플 수도 있지. 나는 당장 아이가 싫어하고 힘들어하는 모습을 보기 어려웠다. 아이는 겁도 많고 조심스럽지만, 어떤 면은 고집스러워서 자기 생각과 방식을 절대 굽히지 않을 때가 있었다. 그래서 용기가 필요하거나, 다른 방식을 적용해야 하거나, 습관을 고치는 일에 항상 애를 먹었고, 아이의 고집을 보고 있자면 내 속은 곤죽이 되었다.

남편은 남편대로 아이가 주저앉을 여지를 주는 나의 언행이 늘 불만이었다. 아이가 기본이라도 할 수 있게끔 해주는 것은 부모 된 도리이고, 그 과정이 힘든 것은 당연하며, 아이도 그런 과정을 계속 경험하고 극복해내야 하지 않겠냐는 입장이었다. 그러면 나는 부모 둘이 어린아이 하나를 다그치는 것은 안 될 일이며, 누구 한 사람에게는 기댈 수 있는 문을 열어줘야 한다고 날을 세웠다. 그러면 남편은 왜 항상 자기가 모진 역할을 해야 하냐고 항변했는데, 안타깝게도 나는 애초에 그 역할이 불가능한 사람이었다. 대부분 나는 아이의 마음을 달래주고, 묘하게 아이 편을 들면서 균형을 맞추는 역할이었다. 어떤 경우는 은찬이에게 더 못 할 말을 건네는 사람이 나일 때도 있었지만, 그건 아이를 향한 것만은 아니었다.

　나는 거의 모든 것에서 언제나 이쯤이면 괜찮지, 앞으로 필요할 때가 오면 스스로 하겠지 하는 쪽이었다면 남편은 이왕 시작했으니 한 계단은 오르고 끝낼 수 있도록 아이를 독려하는 쪽이었다. 나는 천천히 걸어서 늦게라도 100보를 걸으면 된다고 생각했고, 남편은 어떤 것들은 힘든 과정 없이는 아예 100보를 걸을 수 없다고 생각했다. 이런 차이는 각자의 경험에서 나온 것이다. 나는 여태 누군가의 독려를 받아본 적이 없다. 뭐든 필요하다 싶은 것들을 스스로 적당히 해내면서 그럭저럭 잘 살아온 것이다. 남편도 나와 크게 다르지 않았지만, 군대라는 경험이 있었다. 그때의 경험으로 누군가의 독려나 압박이 의지를 만들어주기도 하며 두려움을 떨칠 원동력이 되기도 하고, 절대 불가능할 것 같은 일도 해낼 수 있다는 것을 안 것이다.

　결국 길목마다 아이의 성장을 위한 가지치기는 거의 다 남편이 하였다. 지금 가지를 잘라도 될지 발을 동동거리는 내 옆에서 가위를 든 건 언제나 남편이었다. 각종 운동은 말할 것도 없고, 아이가 주저하고 결국 도전을 포기하려 하는 수많은 순간에 한 번이라도 다시 시도해볼 수 있었던 건 모두 남편 덕분이었다. 물론 따라준 아이의 노력도 있었고, 옆에서 아이와 남편의 마음을 헤아리고 조율하느라 마음을 졸이던 나도 있었지만 말이다. 그뿐 아니라 아이가 피아노를 배우는 6년 동안 항상 옆에 앉아서 악보를 넘겨준 것도 남편이었다. 모든 곡의 완성 단계마다 아이를 달래고 설득해가며 길이 남을 동영상까지 차곡차곡 남겨놓았다. 남편은 피아노를 전혀 모르는 사람이지만 그걸 했다. 은찬이가 피아노를 배우지 않는 지금도 남편은 여전히 고심하며 여러 음악을 들어보고, 악보를 골라 권하고, 페이지를 넘겨주고, 영상으로 남긴다. 먼 훗날 은찬이가 피아노를 치며 즐거울 수 있다면, 또 수많은 운동을 다양하게 즐기며 살 수 있다면, 그것은 순전히 아빠 덕분이다.

이제 아이는 많이 자랐다. 여전히 몸도 마음도 한참 더 성장해야 하지만 그래도 이 정도면 한시름 놓았다는 심정이다. 그래서 그런지 나도 여유가 생겼다. 물론 여전히 잘라낼 가지를 고르느라 긴 시간을 보내고, 자르는 지점도 항상 여유를 두지만 말이다. 아이가 크는 동안 나 또한 수없이 내 마음을 가지치기하며 함께 성장하였다. 그리고 이건 남편도 마찬가지일 것이다. 나무가 계속 잘 자라기 위해서는 계절과 상황에 따라 가지치기가 필요하듯이, 아이와 부모에게도 가지치기는 필요하다. 100보 전진을 위한 50보 후퇴가 필요함을 이제는 이해한다. 그래서 아이의 성장통을 안쓰럽게 보기보다는 지치지 않도록 힘을 실어주고 믿고 응원하는 쪽을 택할 수 있다. 단지

가엾다는 이유로 미루다가 더 많은 가지를 자르는 일이 없도록 말이다. 당장 안타까운 마음이 들어도 시기를 놓치지 말고 자를 가지는 잘라주고, 잘라낸 자리는 탈이 나지 않도록 세심하게 돌보는 것이 부모의 역할이라는 생각이 든다. 언젠가는 나도 정확한 눈과 담대한 마음, 그리고 재빠른 손놀림으로 보란 듯이 멋지게 가지치기할 수 있기를 희망한다.

남천과 벗나무

남천과 벗나무가 하늘을 향해 자랍니다.

나무를 가지치기하면서 키워야 더 단단해지듯 아이도 그렇습니다.

안타까운 마음에 시기를 놓치면 나중에 더 힘들게 잘라야 해요.

잘라낸 자리를 세심하게 살피는 일도 매우 중요합니다.

추위를 겪어야
꽃이 핀다

'추위를 겪어야 꽃이 핀다'는 문장을 처음 접했을 때 이렇게 낭만적일 수 있나 감탄했다. 그래서 이 문장이 사실이라는 걸 알았을 때는 조금 충격이었다. 꽃은 봄이 되면 자연스레 피는 거 아니었어? 본능처럼? 그런데 추위를 겪어야 꽃이 핀다니? 그런 식물이 있다고? 그런 식물들이 있다. 그것도 꽤 많다. 우리가 보는 꽃나무나 구근류는 거의 다 추위를 겪어서 꽃이 피는 것들이다. 이것을 '춘화처리' 혹은 '저온처리'라고 부르는데, 밖에서 사는 식물들은 겨울에 추위를 겪으면서 휴면하고 저절로 춘화처리가 된다. 하지만 추위를 겪을 수 없는 실내 식물은 꽃을 잘 피울 수 있도록 일부러 춘화처리를 해주어야 한다.

봄에는 뒷산만 가도 꽃이 천지다. 매화와 목련을 시작으로 개나리, 진달래, 벚꽃, 철쭉, 아카시아, 이름을 알지 못하는 나무의 꽃들까지 자신의 시기에 맞추어 꽃을 피워낸다. 식물에 대해 알아갈수록 꽃을 볼 때 예전과는 다른 마음이 든다. 저 나무들이 '이제 봄이구나!' 하고 간단하게 꽃을 피우지 않는다는 사실을 이제는 알기 때문이다. 여름 무렵부터 부지런히 꽃눈을 만들고, 혹독한 겨울을 나는 동안 얼지 않도록 애를 쓰고, 에너지를 차곡차곡 모아둔 나무만이 찬란한 봄날에 축복과 같은 꽃을 터뜨릴 자격을 얻는다.

'추위를 겪어야 꽃이 핀다'라는 문장은 자주 인용된다. 어느 정도 나이 든 사람이면 누구나 한두 가지쯤 모진 어려움을 겪었을 것이기에 이 문장이 주는 위로가 있을 테고, 아직 큰 어려움을 맞닥뜨리지 않은 사람에게는 교훈으로 삼기에 적합하기 때문일 테다. 그렇다고 이 문장을 큰 상실이나 모진 어려움을 겪어야만 인생의 참 의미를 알 수 있다는 식으로 해석하는 건 무리가 있다. 그런 일은 흔히 벌어지지도 않거니와, 누구에게는 그것이 꽃을 피워내는 에너지가 아니라 극복할 수 없는 족쇄가 되기도 하니까. 하지만 결핍이 성장을 견인하는 것은 맞다. 결핍이 있어야 행복을 느낄 수 있다는 말은 참이다. 사람은 비어 있는 부분을 채우는 것에서 행복을 느끼고 성장도 한다. 사실 결핍이 없는 사람은 없다. 우리 대부분은 살아가면서 크고 작은 좌절과 실패와 상처를 수두룩하게 겪는다. 그 총량도 만만치 않다. 하지만 우리가 겪는 결핍의 경험은 어떤 면에서는 제한된 것이기에 새롭고 폭넓은 경험을 위한 적극적인 한 걸음이 필요하다.

사람을 성장시키는 적극적인 경험 중 하나가 여행이다. 나는 그중에서도 배낭여행을 말하고 싶다. 배낭여행은 가능하면 돈을 적게 쓰는 여행을 말하는데, 경비가 넉넉하지 않은 여행은 일단 그 조건만으로도 얼마간의 고생이 예정되어 있다. 그래서 그것을 기꺼이 감수하고자 결심하는 사람만이 할 수 있고, 그들에게는 우리의 삶에서는 좀처럼 경험할 수 없는 다양한 상황을 맞닥뜨릴 기회가 쏟아진다.

배낭여행은 결핍의 여행이다. 달콤함과 풍족함이 가득하고 모두가 나에게 친절을 베푸는 소비 위주의 여행과는 완전히 다르다. 무거운 배낭을 메고, 저렴한 숙소에서 자면서 골목길을 헤매고, 유명 맛집과 관광지가 아닌 곳들을 다니며, 굳이 걸어서 국경을 넘어 옆 나라에 당도하는 여행을 하면 우리가 평소에는 상상도 못 한 온갖 종류의 어려움과 결핍을 맞닥뜨린다. 왜 굳이 이런 여행을 하는 걸까? 우리가 사는 일상에서는 알 수도 느낄 수도 없는 것들을 계속 마주하고 해결하고 타협하고 포기도 하면서 새로운 감정을 마주하는

데, 그건 너무나 강력한 활력이기 때문이다. 거대한 결핍의 상황에 오히려 감사할 일이 산더미처럼 불어나는 굉장히 아이러니한 여행. 이 말도 안 되는 경험을 위해 시간을 만들어 또다시 고난의 행군을 떠나고야 만다.

결핍으로부터 깨닫는 가치는 그 상황에 놓이기 전에는 알 수 없다. 사람은 결핍과 제약이 있어야 가치와 행복을 느낀다는 것을 나는 배낭여행을 통해서 확실히 알게 되었다. 샤워 시설, 따뜻한 음식, 수세식 화장실, 창문이 있는 방, 세탁기, 시원한 음료수를 마주하는 반가움과 감사한 마음이 어떤 것인지 우리는 안다. 배낭여행을 하다 보면 우리가 평소에 너무 당연히 여긴 것들이 가슴 깊이 우러나는 간절한 것이 되는 순간이 있다. 배낭여행자들은 우리가 정말 사소한 것들로 인해서 행복하다는 사실을 뼈저리게 깨닫는다. 우리는 수돗물이 튀지 않고 똑바로 흐르기만 해도, 방에 작게나마 창문이 있어도, 따뜻한 물만 나와도 방 안에서 손뼉을 치면서 춤을 추었다. 편견 없는 다정한 시선이 얼마나 소중한지도, 작은 친절은 두고두고 생각날 만큼 따뜻하다는 것도 알게 되었다. 덜컹거리는 야간 기차에 밤새 시달리다가 맞이하는 따끈한 아침 햇살에도 행복이 솟구쳤다. 달도 해도 구름도 바람도 나무도 풀도 꽃도 새도 모두 고마운 것들뿐이었다. 머리를 맞대고 지혜를 모으면 결국 방법을 찾을 수 있다는 사실을 숱한 난관을 통해 알게 되었다. 그리고 시간은 우리의 편이 라는 것도.

　배낭여행은 온갖 경험을 집약적으로 해볼 수 있는 여행이다. 다른 나라에 갔다고 대단한 경험을 하는 건 아니지만 우리와 다른 언어, 문화, 자연, 사람들 자체가 굉장한 자극이다. 여행을 통해서 너무 당연해서 생각하지 못한 것들과 미처 알아차리지 못했던 사소한 것들이 바로 행복의 원천이라는 걸 깨닫게 된다. 배낭여행은 실수와 실패가 수두룩하게 예정된 여행이다. 하지만 결국 안전하고 익숙한 집으로 돌아온다. 그러니까 배낭여행은 마음 놓고 실수와 실패를 만 끽할 수 있게 준비된 무대 같은 것이다.

　우리가 두고두고 추억하는 건 유명 관광지를 방문했던 기억이 아니라 무척 힘들었거나, 고생 끝에 발견한 작은 기쁨이나, 말도 안 되는 상황이다. 그런 상황에서 벌어진 우스꽝스럽고 난감했던 일들이 결국 우리가 반복해서 추억하고 이야기하는 여행담이 된다. 이것은 실패와 실수, 결핍의 경험이 우리에게 큰 영향을 준다는 명백한 증거다. 그리고 우리는 그런 경험을 통해 느꼈던 순도 높은 기쁨과 성취감 같은 것들이 사무치게 그리워서 다시 여행을 떠나는 것이다. 나는 《내 아이의 배낭여행》(2018, 꿈의지도)에도 이런 이야기를 썼는데, 실제로 이 책을 보고 용기를 내어 배낭여행을 해보았다는 독자들의 글을 여럿 받았다. 그들 모두 한결같이 이런 여행을 했다는 사실에 굉장히 고무되었으며 환희에 차 있었다. 새로운 흥분과 기쁨이 글에서 뚝뚝 떨어졌다.

사람들은 배낭여행을 너무 어렵게 여기는 경향이 있다. 무조건 공동 침실과 공동 화장실이 있는 숙소에서 머물러야 배낭여행이 되는 건 아니다. 조금만 용기를 내어 자신이 할 수 있는 최대한 저렴한 여행을 해보길 바란다. 오래되어 편안한 옷을 입고 묵직한 배낭을 메고 알지 못하는 골목을 누비다가 유명하지 않은 작은 식당에 들어가는 여행을 해보길 바란다. 내가 단언할 수 있는 건 할 수 있는 한 그것에 가까운 여행을 해보면 새로운 세상을 경험하리라는 사실이다. 그리고 그것은 당신의 인생에서 잊지 못할 장면으로 남을 것이다. 빈곤한 여행이 주는 만족감은 깊고 진하고 오래 간다.

아이가 그런 여행을 힘들어하리라 생각하겠지만, 오히려 아이는 아무렇지 않을 수도 있다. 사실 부모가 괜찮은 모습을 보이면 아이는 괜찮다고 느낀다. 은찬이는 일곱 살 때부터 우리와 함께 배낭여행을 시작하여 꽤 많은 나라의 수많은 길을 걸었다. 무라카미 하루키 작가는 힘들지 않다면 여행이 아니라고 했다. 하지만 이집트나 인도에서 한 달짜리 배낭여행을 하다 보면 어른도 헉 소리 나게 힘들다. 꽤 힘들었던 한 달간의 배낭여행을 끝내고 집으로 돌아오던 날, 아이에게 여행이 어땠냐고 물어보았다. 질문을 받은 어린 은찬이는 조금 생각하더니 "여행은 힘든데, 안 힘들어"라고 하였다. 나는 이 문장이 배낭여행에 관한 꽤 적절한 표현이라고 생각한다.

우리는 일상에서 수두룩한 결핍을 경험한다. 모든 것이 풍족한 사람은 절대 없기에 크고 작은 결핍은 그림자처럼 우리를 따라다닌다. 그걸 아주 잘 알아도 부모가 되면 내 아이에게는 되도록 결핍의 감정을 주고 싶지 않다고 생각한다. 그리고 그 마음을 물질적인 풍요로움이 대신할 수 있다고 여기는 경우도 종종 있다. 하지만 물질적인 건 오히려 과잉될 때 해악이 두드러진다. 아이가 정말 겪어낼 수 없는 것은 정신적인 결핍이다. 그 공허함은 물질적인 것으로는 단 1그램도 채울 수 없는 지독한 것이다. 식물이 정말 필요로 하는 게 멋진 선반이나 비싼 토분이 아니듯, 아이에게 정말 필요한 것도 신상 장난감이나 나이키 운동화 같은 게 아니다. 깊이 뿌리내릴 수 있는 질 좋은 토양이어야 식물이 마음껏 자랄 수 있듯이, 부모는 아이가 믿을 수 있고 언제든 기댈 수 있는 땅이 되어야 한다. 나무가 영하 20도의 혹독한 추위를 견디고 봄에 꽃을 피울 수 있는 건 자신이 뿌리를 내린 땅은 얼지 않기 때문이다. 부모는 그런 땅이 되어주어야 한다.

스위트 자니카 백합

백합은 추위를 겪어야 꽃이 피는 식물입니다.
추위를 겪은 구근은 불과 넉 달 만에 어마어마한 꽃을 보여주지요.
사람도 결핍이 있어야 성장하고 행복을 느낍니다.
하지만 극심한 추위에는 아이의 뿌리가 얼 수도 있기에
그런 일이 없도록 오늘도 아이에게 따뜻한 사랑을 전합니다.

주객전도는 없다

 식물 키우는 사람은 다들 한두 개쯤 가지고 있다는 LED 식물등. 태양광과 흡사한 스펙트럼을 발사하는 전구라니, 역시 과학이 최고로구나 싶었다. 내게는 햇빛이 원 없이 내리쬐는 옥상이 있지만, 식물에 따라 적절한 햇빛을 골라주는 일은 너무 어렵다. 여름의 옥상은 뜨거운 용광로이고, 실내는 지나치게 안전하고 우중충하다. 또 식물들은 장마철이나 겨울에도 해가 고프다. 요즘 같은 시대에 식물을 키우면서 식물등은 필수라는 생각이 들어 나름 고심하여 골랐다. LED 전구를 끼울 수 있는 장치까지 사느라 4만 원이나 들었다. 겨울의 햇빛에 자꾸만 무늬가 사라져서 밋밋해지는 무늬종 식물과 꼬불꼬불한 컬이 풀려서 부추 꼴이 되어버린 알부카 콩코르디아나에게 과학의 혜택을 제대로 보여줄 참이었다. 식물등을 설치하고 알부카에게 스포트라이트를 쐬주었다. 커다란 무대 위의 솔로 연주자처럼 알부카는 독보적으로 인공 햇빛의 은총을 받았다. 그런데 잎의 끝이 살짝 돌아갈 뿐 그게 끝이었다. 아무리 기다려도 그게 다였다. 다른 문제가 있는 거지 식물등 잘못은 아니라고 생각했다. 알부카는 포기하고 초록색이 되어버린 브레이니아 화분을 식물등 아래로 위치시켰다. 너라도 식물등에 반응해주렴. 나는 초조한 마음이 되었다. 식물등을 괜히 샀다는 자책에 시달리고 싶지 않았다. 하지만 브레이니아 역시 식물등을 켜놓는 대가치고는 보잘것없는 얼룩만 내놓았다. 다른 식물도 이런 인공적인 햇빛으로 무늬가 나올성싶냐는 듯 꿈쩍하지 않았다.

식물등에 효과를 보지 못한 나는 짜증이 났다. 내가 사고 싶었던 식물 여섯 종류는 살 수 있던 돈이었다. 식물등 좋다는 얘기를 많이 봤는데 그 사람들은 정말 효과를 본 게 맞을까? 빛이 심각하게 부족한 환경이기 때문에 그런대로 만족했던 건 아닐까? 다른 브랜드로 샀어야 하는 건가? 식물등 하나로는 어림없는 걸까? 혹시 더 비싼 제품을 샀다면 효과가 좋았을까? 그러는 사이에 봄이 왔다.

겨우내 부추 꼴을 면치 못한 알부카를 이른 봄날 옥상에 올렸다. 갑자기 해를 보면 잎이 탈 수도 있으니 그늘진 구석 자리에 두었다.

거기서 충분히 적응시켰다가 점차 햇빛이 잘 드는 곳에 놓을 생각이었다. 그런 생각이 무색하게 알부카는 그늘을 벗어나기도 전에 꼬불이가 되었다. 어둑한 그늘 속에서도 진짜 태양의 존재를 눈치채고, 단 4일 만에 단단하게 잎을 말았다. 브레이니아 역시 봄 햇살을 받고 하얀 무늬 잎을 팝콘처럼 쏟아냈다. 지하 세계라면 식물등이 태양 흉내를 낼 수 있을지 모르지만, 지상에서는 태양의 발끝도 못 따라 갔다.

육아에서도 보조적 수단으로 족한 것이 떡하니 메인 자리를 꿰차고 있을 때가 있다. 한마디로 주객이 전도된 것인데 가장 대표적인 것이 학원 교육이다. 학원 교육은 한번 발을 디디면 끊어내기 힘든 것이 마치 폭주 기관차와 같다. 객으로 족한 학원 교육은 호시탐탐 기회를 노리다가 틈을 놓치지 않고 들어와 주인 행세를 하려 들기 때문에 처음부터 절대로 주도권을 내주면 안 된다.

아이가 아직 어릴 때는 대부분 이상적인 생각을 한다. 내 아이를 공부 지옥에 몰아넣지 않겠다, 적성을 찾아주겠다, 아이가 원하는 것을 지지하리라 같은 마음으로 육아를 시작한다. 하지만 현실의 문을 여는 순간이 있다. 비슷한 또래를 키우는 주변 엄마들이 나는 모르는 영어 교재, 전집, 교구, 학원 리스트를 줄줄 읊어대는 걸 보면 정신이 번쩍 들면서 나만 이렇게 천하태평 넋을 놓고 있었구나 싶어

급한 발걸음으로 현실 세계에 입장한다. 아이가 한글을 읽기 시작할 무렵부터는 본격적인 비교와 경쟁과 걱정이 시작된다. 한글을 일찍 가르치면 창의력이 떨어진다는 말을 들어도 다른 아이들이 책을 척척 읽는 모습에 흔들린다. 보이지도 않는 창의력을 믿고 버틸 수가 없게 된다. 책을 읽어주었더니 저절로 한글을 읽고 쓰게 되었다는 이야기는 풍문일 뿐. 한글 학습지 선생님이 집으로 오고, 갖가지 교재가 동원된다. 영어는 빠르면 5살부터, 늦어도 초등 2, 3학년에는 시작한다. 여기에 악기와 미술이 들어가고, 주말에는 팀을 짜서 박물관과 역사 유적지 체험도 다닌다. 운동도 당연히 하나쯤 다녀야 하고 논술 학원도 다니면서 독서록 쓰는 법도 익혀야 한다. 지금은 이과의 시대이므로 과학 학원도 필수다. 그리고 학원 공부의 핵심이면서 가장 중요한 수학이 있다.

수학 초등 과정은 진작 끝이 난다. 학원도 아이의 이해력이나 실력에 상관없이 어떻게든 빨리 진도를 빼야 하기에 정신이 없다. 당장 다른 아이보다 진도가 늦어지면 부모는 바로 학원을 바꿀 것이기 때문이다. 속도를 내기 위해서 수학 문제집에서 어려운 단계는 패스한다. 이렇게 하지 않으면 초등학교가 끝나기 전에 중등 과정을 마칠 수가 없다. 늦어도 중학교에 들어가면서는 고등 수학을 시작해야 학생과 학부모 모두가 안심하고 만족한다. 학원이 살길은 산더미 같은 숙제를 내주는 것이다. 그래야 엄마들이 만족할 만큼 진도를 뺄 수 있고, 성적이 안 나오더라도 숙제를 성실히 해내지 못한 아이 탓을 할 수 있다. 이런 식이면 아이들의 상당수가 결국 수포자가 되지만 학원은 알 바 아니다. 어차피 잘하는 애들은 반드시 몇 명쯤 있으므로 학원 신화는 그 아이들 덕분에 이어진다.

학원은 학부모들의 불안과 열망을 먹이 삼아 큰 세력으로 성장했다. 물론 가장 큰 피해자는 아이들이지만 부모 역시 피해자다. 정신을 똑바로 차리지 않으면 학원은 이미 내 아이 공부의 주인이 되어 있다. 아이들은 어려서부터 학원에 다니면서 숙제에 치이고, 수준에 맞지 않는 선행에 내몰린다. 혼자 공부하는 법은 배운 적도 없고, 할 시간도 없다. 학원에서 떠먹이는 것을 삼키기에도 벅차니까. 고등학생이 되어도 학원에 다닌다. 스스로 할 수 없기에 어쩔 수 없다. 황금 같은 시간에 여전히 학원을 오가고 학원 선생님이 문제 푸는 모습을 지켜보는 걸로 보낸다. 그걸로 내 공부를 다 한 것 같은 착각이 든다. 하지만 성적은 원하는 만큼 절대로 나오지 않고, 그러면 엄마는 학원을 옮겨야 하나, 더 늘려야 하나, 그 학원이 얼마짜리인데, 네가 좀 열심히 해야지 같은 소리를 한다.

학교와 학원의 전쟁에서 학원은 압도적으로 승리했다. 학교 공부를 도와주는 학원은 옛말이다. 공부의 주인은 학원이 차지했다. 아이가 초등학교에 들어가기 전부터 이미 학원 교육의 맛을 보았기 때문이다. 한글조차 부모가 가르치지 않고, 줄넘기도 학원에서 배운다. 입시 성공담에 "학교 수업을 잘 들었어요"라는 말이 나와도 이제는 그 말을 곧이 믿지 않는다. 아무도 귀담아듣지 않고 거들떠보지 않는 지겨운 말. 사실은 뭐가 더 있을 텐데 그냥 저렇게 말하는 거라고 치부한다. 그래서 수업을 잘 들었다는 당사자의 말보다는 어느 학원에서 100점이 몇 명 나왔다더라, 전교권은 다 저 학원에 다닌다더라, 저 선생님 수업을 들으면 성적이 오른다더라 같은 '카더라'가 막강한 힘을 가진다.

모두가 무시하는 '학교 수업 잘 듣기'는 단순하지 않다. 선생님과 상호작용을 하면서 그 수업을 이해하려 애쓰고, 부족한 부분은 되짚고 넘어가고, 필요한 부분은 미리 살펴봐야 한다. 또 중요한 내용은 적고, 수행과제의 목적을 생각해보고, 정해진 시간까지 노력을 기울여 잘 준비하는 것이 수업을 잘 듣는 것이다. 이것은 절대로 쉬운 일이 아니며 어렸을 때부터 익혀야만 할 수 있다는 것이 가장 어려운 부분이다. 그런 면에서 초등 1학년의 받아쓰기 시험은 매우 중요하다. 아이들에게 준비, 책임, 성실, 노력, 성취라는 필수적인 덕목을 쌓을 수 있도록 해주는 매우 귀중한 프로그램이다. 초등 1학년 때부터 학교에서 하는 모든 것은 단 하나도 버릴 게 없다. 알림장을 잘 써오고, 저녁에 알림장을 보면서 해야 했던 일들을 체크하고, 내일 필요한 것을 챙겨놓고 잠자리에 드는 습관은 쌓이고 쌓여서 중학교와 고등학교로 이어지고 성인이 되어서도 그대로 간다. 이 기본적인 것이 되지 않는 상태에서는 아무리 좋다는 학원에서 유명한 강사의 수업을 들어도 소용없다. 물론 중학교까지는 학교 수업을 등한시하고 학원에 의지해도 어쩌면 상위권을 유지할지도 모르지만, 기본적인 것을 무시한 대가는 곧 어마어마한 쓰나미가 되어 돌아온다.

학교 수업을 잘 들으려면 그것의 가치를 확실하게 이해해야 한다. 그러지 않으면 수업을 잘 들을 수가 없다. 왜냐하면 학생들은 너무 피곤한데다 공부는 싫고 지겹기 때문이다. 수업을 잘 들으려면 생활 습관부터 좋아야 한다. 잠자는 시간은 꼭 확보해두어야 한다. 할 일을 미루지 않아야 하고, 자기 전에 쓸데없이 스마트폰을 들여다보는 일이 없어야 가능하다. 또 너무 많은 학원에 다니지 말아야 한다. 숙제에 치이면 학교에서 자거나 학원 숙제하느라 바쁘기 때문이다. 학교에서 학원 숙제를 하는 아이들이 생각보다 꽤 많다. 수업 중에 눈치 보며 급하게 하는 숙제가 공부가 될 리 없다.

은찬이는 학교 수업을 잘 듣는 아이라는 정체성을 가지고 있다. 그 가치를 잘 안다. 또 과목의 중요도나 점수 고하에 상관없이 최선을 다한다. 고작 15점이 할당된 축구공 리프팅을 위해서 2주가 넘도록 매일 한 시간씩 연습하고, 성의만 보이면 점수가 괜찮게 나올 수

행평가를 위해서 시간을 들여 기사를 찾고, 집에서 미리 고민하며 1,000자 분량의 글을 쓴다. 점수에 들어가지 않는 것들도 상관치 않고 똑같은 품을 들이면서 학교 생활을 해왔다. 컴퓨터 게임 할당량도 매일 꼬박꼬박 챙기고, 요일마다 보는 텔레비전 프로그램도 잊지 않는다. 예나 지금이나 다음 날 필요한 준비물을 빠뜨림 없이 챙겨놓고, 늘 같은 시간에 잠자리에 든다. 이런 습관을 길러주기까지 나와 남편은 노력을 기울였지만, 다른 것에 비하면 이 노력은 수월한 편이라고 말할 수 있다. 처음 몇 년만 신경 쓰면 아이는 어느새 그런 아이가 되어 있기 때문이다.

이 글을 읽는 누군가는 학원이라도 다녀야 공부하지 않겠냐고 말할 수도 있다. 학교 공부만으로는 선행한 아이를 이길 수 없다고 여길 수도 있다. 또 아무리 그래도 수업을 잘 듣는 것만으로는 좋은 성과를 낼 수 없으리라고 의심할지도 모른다. 하지만 수업을 정말 잘 듣고 과제 수행에 최선을 다해 노력하는 성실한 아이의 엄마는 정말 그렇다면서 고개를 끄덕일 거라고 확신한다. 그 가치는 해본 자만이 알 수 있다. 수업을 잘 듣는다는 건 바른 태도, 바른 습관, 책임감, 성실성, 노력, 집중, 예의 같은 것들이 전부 다 따라오는 것이다. 그래서 어렵고, 그것을 잘 해내면 성과는 그림자처럼 따라온다.

학교는 기본적인 노력으로 도달할 수 있는 목표로 이루어진 곳이다. 그리고 그 목표 달성을 위해서 '혼자 노력하여 이루기'와 '급우들과 협력하여 만들어가기'의 능력을 차근차근 배우고 쌓아가는 공간이다. 특히 초등학교와 중학교는 아낌없이 시간을 쓸 수 있고, 온갖 시행착오를 제대로 겪어도 아무 문제가 없는 귀한 시기다. 주어진 것에 최선을 다하는 마음을 배우고 성취를 얻는 기쁨이 그곳에 있다. 그러니 이 모든 것을 전부 하찮게 여기고 학원에서 대입을 위한 공부만 하면 된다는 생각은 얼마나 위험한가. 아이들이 누리고 이루고 만들어가야 하는 시간과 경험을 학원이 전부 다 빼앗고 있다. 기회와 시간을 빼앗지만 어떤 책임도 져주지 않는다.

주객이 전도된 세상은 아이들이 버티기 힘든 세상이다. 학원의 방식이 그러하다. 내 주변에도 일찍부터 달리다 체력을 소진하여 주저앉아버린 아이들이 있다. 부모가 너무 맹목적인 나머지 아픈 아이를 미처 알아보지 못했기 때문이다. 나는 학부모 대다수가 이렇게까지 학원을 믿는다는 게 믿기지도 않고 이해도 안 된다. 아이들이 이토록 엄청난 스케줄을 몇 년 동안 지치지 않고 해내리라고 어떻게 기대하는지 모르겠다. 자기가 믿고 싶은 신화만 보지 말고 아이의 표정과 목소리에 귀를 기울여야 한다. 사실 부모가 할 수 있는 영역은 정해져 있고, 결국은 아이의 역량에 달린 일이다. 식물계에서 '살놈살'이라는 말이 있는데 '나는 최선을 다했으니 살 놈이면

살겠지'라는 의미다. 아이의 경우에는 '될놈될'이라고 할 수 있을까. '이 정도 뒷바라지했으니 될 놈이면 되겠지'라는 의미로 말이다. 하지만 학원에 주도권을 내어준 채로 아이를 몰아붙이는 상황까지 내모는 통에 될 아이조차 안 되게 만드는 경우가 많다는 게 이 시대의 큰 비극이다.

알부카 콩코르디아나

알부카 콩코르디아나가 진짜 햇빛을 보고 꼬부라질 마음이 생겼습니다.

이제 며칠 안에 잎이 귀엽게 말릴 거예요.

육아에서는 불안과 욕망이 끼어들어 주객이 전도되는 일이 많습니다.

부모가 해야 할 일은 아이의 표정과 목소리에 귀를 기울이고,

아이를 전폭적으로 믿어주는 것뿐입니다.

콩 심은 데 콩 나지만
잘 자라는 건 다른 문제다

 식물계는 나눔이 잦다. 내가 가지고 있는 식물을 누군가 갖고 싶어 하는 눈치면 줄기 하나 잘라주는 건 일도 아니다. 포장과 택배의 수고로움도 마다하지 않는다. 가지치기를 한 날이면 잘라낸 가지가 아까워서 물에 꽂아두는 경우가 많은데, 그러면 또 하나같이 뿌리가 잘 나와서 여기저기로 보낸다. 씨를 털면 씨앗을 나누고, 파종한 씨앗이 발아가 잘되어 여러 개체가 될 때도 나눔을 한다. 같은 식물에서 자른 가지, 같은 날 나고 자란 식물들은 여러 곳으로 가서 각자의 모습으로 자란다. 어떤 공간에서 누구에게 키워지느냐에 따라 몇 달 안에 각양각색의 모습이 된다. 물론 죽기도 한다. 이런 일이 닥치면 죄를 지은 듯한 기분이 들지만, 식물의 처지를 생각하면 충분히 있을 수 있는 일이다. 갑자기 달라진 온도와 습도와 광량과 바람과 심지어 바뀐 인간에게 적응하는 일은 만만치 않을 것이다. 갑자기 말도 물도 낯선 외국 땅에 정착해야 하는 아이가 겪는 정도의 타격이 아닐까. 특히 화원에서 사온 식물은 집에서 곧잘 죽고 마는데, 그곳은 식물에 최적화된 온실이었기 때문이다. 그러니 자신이 식물을 잘 키우지 못한다고 단정할 필요가 없다. 당신의 잘못이 아니다.

화원에서 파는 식물은 표준화되어 있어서 대체로 비슷한 모습이지만, 각자의 집으로 간 식물은 고작 몇 달만 지나도 모습과 크기가 꽤 달라진다. 어떤 경우에는 판이하게 바뀔 때도 있다. 식물은 정말 다양한 방식으로 키워지고 그래서 다양한 모습이 된다. 그 집에서 받는 햇빛의 양과 그 집의 기본 습도만큼이나 큰 영향을 끼치는 게 키우는 사람의 방식이다. 그 사람이 사용하는 흙의 배합, 좋아하는 화분, 비료의 사용 정도는 물론이요, 분갈이를 자주 하는 타입인지, 물주기를 즐기는지, 그 사람이 추위 혹은 더위를 많이 타는지, 환기를 매일 하는지, 여행을 자주 다니는지, 요리를 좋아하는지까지 식물에 큰 영향을 미친다.

잘 자란 식물을 보면 사람들은 버릇처럼 비법을 묻는다. 그것만 알면 내 식물도 그렇게 자라줄 것 같다. 하지만 열광하며 묻는 사람에 비해 구한 답을 실천에 옮기는 사람은 드물다. "아 그렇구나" 하고 고개를 연신 끄덕이면서도 거기까지인 경우가 대부분이다. 나에게도 식물 키우기의 비법을 묻는 사람들이 종종 있는데 나는 정말로 말해줄 만한 게 없다. 굳이 찾자면 받아놓은 지 며칠 지난 물을 준다는 것이 고작이다. 수돗물의 염소 성분도 날리고, 차가운 물보다 실온의 물을 주는 게 더 낫다는 생각으로 물을 받아둔다. 손잡이가 있는 2리터짜리 통을 화장실과 옥상에 줄지어놓은 사진을 본 식물 친구 중 상당수는 "우와, 묵힌 물을 주시네요, 나도 그렇게 해야겠어요"라고 하였다. 일리는 있다고 생각하는 것인데 실제 실행할지는 회의적이다. 여태 수돗물을 바로바로 주면서도 잘 컸을 테니까. 혹시라도 식물이 신통찮게 자라서 걱정하고 있는 사람이라면 시도해보았을 수도 있다. 하지만 마법의 물약처럼 바로 반응이 오지 않을 테니 장기적으로 실행하기는 힘들 것이다.

사람은 어지간해서는 움직이지 않는다. 자기의 생각과 행동을 잘 바꾸지 않는다. 흙 배합은 어떻게 할까, 화분의 배수층을 깔까 말까, 어떤 물을 줄까, 식물등을 살까 말까, 비료를 줄까 말까, 해충에 농약을 쓸까 말까, 탈피하는 리톱스를 찢을까 말까, 웃자란 식물을 자를까 말까. 사람들에게 의견을 묻고 또 묻지만, 결국은 내가 원하는 대로 하고 마는 경우가 대부분이다. 그동안 내내 해왔던 방식으로, 혹은 내가 내키는 방법으로 말이다. 비법을 궁금해하는 것과 실천하는 건 다른 영역이다. 누구나 자기가 경험한 만큼만 생각하는 경향이 있고, 결국은 그걸 잘 극복하지 못한다.

육아에서도 양육자의 경험은 절대적이다. 어쩌면 가장 큰 영향을 미치는 요소일 것이다. 자기 경험에서 비롯된 좋았거나 나빴던 감정이 고스란히 자기 아이의 양육 기준이 되기 때문이다. 그래도 육아를 하는 사람은 아이를 잘 키우고 싶은 마음이 너무나 크기 때문에 다른 사람의 경험을 적극적으로 받아들일 마음이 있다. 하지만 이런 열린 마음에도 불구하고 누군가의 조언을 받아들여 꾸준히 실천하는 건 어렵다. 자신이 겪은 경험의 벽을 부수고 새로운 시도를 하는 건 정말 힘들기 때문이다. 특히 자신에게 부정적인 경험이 있다면 그것에 대해 과한 걱정을 달고 살면서 집착한다. 또 몹시 열망했던 것이 있거나 부족했던 부분을 아이가 대신해서 이루어주고 채워줬으면 하는 경우도 흔하다. 이 모든 것에 쿨하려면 꽤 내공이 필요하다. 자식에 대한 욕심은 생각보다 강하기 때문이다.

육아에서 욕심이 가장 극대화되는 분야는 자식의 공부다. 게다가 우리 대부분은 그 분야에 부정적 경험이 있다. 이 두 가지가 합쳐져 나타나는 시너지는 엄청나서 아이들의 학습에 대해서는 무얼 상상하든지 그 이상이다. 부모가 된 우리 대부분은 공부를 잘하지 못했기에 낙담, 실망, 수치, 좌절, 분노, 열등감이나 허탈의 감정을 아주 잘 안다. 그래서 아이의 성적이나 대학 간판이 마치 자신의 존재 이유라도 되는 듯이 매달린다. 모두 단단한 각오로 무장한 전쟁터의 사령관이 되어 있다. 자식이 공부를 잘했으면 하는 건 모든 부모의 바람일 것이고, 그 마음에는 잘못이 없다. 잘못은 공부만이 최선의 가치라 여겨 소중한 자기 아이를 잘못된 방법으로 몰아대는 무지다.

자식 공부에 열 올리는 부모일수록 비법을 찾아 헤맨다. 간절한 사람이 많을수록 사기꾼이 넘쳐나는 것이 세상의 이치라 공부와 입시에도 온갖 비법이 난무한다. 각종 비법에 귀가 코끼리만 해진 부모는 할 것이 너무 많아 몹시 바쁘다. 참 신기한 사실은 이런 가짜 비법은 따르는 사람이 많다는 것이다. 옳은 방법, 그러니까 진짜 비법은 잘 받아들여지지 않는다. 왜 가짜가 진짜 비법처럼 느껴지는 것일까? 너무 간절한 탓에 어떤 것이 옳고 그른 것인지 심사숙고해 볼 여유가 없어서일까? 나도 살을 빼기 위해 바보 같은 짓에 여러 번 동참했던 과거가 있다. 이미 나는 어떻게 해야 살을 잘 뺄 수 있는지를 아주 잘 알고 있었는데도 말이다. 하지만 빠르고 새로운 방법에 속절없이 마음이 기울었다. 실패를 거듭하면서도 옳은 방법은 거들떠보지 않았다. 너무 간절하면 이성적인 판단이 불가능하다는 걸 나도 경험했다.

많은 부모가 아이의 공부 성과와 대학 간판 같은 것에 생각보다 집착하고 몰두해 있기에 아이에 대한 믿음, 행복, 자존감, 마음 같은 본질은 들어갈 자리가 없다. "그래야 공부를 잘하는 아이가 된다니까요?" 말을 해도 어림도 없다. "그런 뻔한 얘기는 집어치워!" 사람들은 이렇게 외친다. 한결같이 옳은 방법을 말하는 전문가들의 말은 현실을 모르는 이상적인 외침으로 취급된다. 진심 어린 나의 말들도 내내 그런 취급을 당해왔다. 사람들은 잠깐은 고개를 끄덕이며 공감하지만 정도(正道)는 오래 걸리고 품이 들고 새롭지도 않기에 다시 소리만 요란한 비법에 마음이 기운다.

부모가 공부의 본질을 아느냐 모르느냐는 굉장히 중요하다. 이것에 따라서 내 아이의 공부 방향과 방법과 태도가 결정되기 때문이다. 공부의 본질은 예나 지금이나 다르지 않아서 부모가 공부에 몰두해본 경험이 있다면 분명 유리한 측면이 있다. 하지만 공부를 잘 모르는 부모도 열심히 공부하면 옳은 인식과 방법을 충분히 배울수 있다. 책이나 유튜브에는 이미 우리에게 필요한 정보가 넘쳐난다. 진짜 비법을 얼마든지 얻을 수 있다. 생각보다 많은 부모가 육아나 아이의 공부에 좋은 팁을 얻기 위해 읽고 듣고 보지만, 딱 거기까지인 경우가 많다. 거기서 멈추지 말고 깊이 생각하고 맹렬하게 고민하고 끊임없이 공부해야 한다. 그래야 본질을 깨닫고 실천할 수 있다.

부모에게도 공부는 중요하다. 언제까지 '엄마도 엄마가 처음이라서'라는 말만 할 수는 없다. 누구나 배우고 성찰하고 노력하면 나아진다. 우리는 올바른 마음으로 아이를 대하고, 수많은 선택의 순간에 옳은 결정을 내릴 수 있다. 같은 실수를 반복하지 않을 수 있고, 가짜 비법을 가려내는 안목을 기를 수 있다. 높은 내신 등급을 위해서, 좋은 학교에 가기 위해서, 높은 연봉을 받는 곳에 취직하기 위해서 공부하는 것이 아니고, 좋은 사람이 되기 위해서, 옳은 결정을 내리고 바르게 살기 위해서 공부한다는 걸 부모가 절절히 깨닫고 아이를 대할 때 아이는 공부를 잘하게 된다.

콩 심은 데에 틀림없이 콩이 난다. 하지만 그 콩이 잘 자라느냐는 다른 문제다. 인간은 결국 자신의 경험치에서 벗어나지 못한다는 말이 있지만 현명한 부모라면 자신의 수많은 경험 속에서 콩을 잘 키울 수 있는 경험을 기억해내어 적용해야 하고, 그렇지 못한 경험은 과감하게 버릴 수 있어야 한다. 또 콩을 잘 키운 사람의 말에도 귀를 기울여야 한다. 잘 키우기 위해서는 어렵고 낯설고 힘들어도 새로운 기술도 배우고 실천해야 한다. 거짓 비법이 난무하는 세상에서 진짜 비법을 알아보는 현명한 눈을 키워야 한다. 내 방법이 틀렸을 때는 그것을 인정하고 공부를 통해 옳은 방법을 배워서 실천해보자. 비법을 묻지만 말고 행동으로 옮기고 자신의 상황에 맞는 경험으로 쌓아가려 노력하자. 부모에게는 유연한 사고를 위한 노력과 옳은 결정을 위한 공부와 성찰이 끊임없이 필요하다.

보리의 싹

비를 맞은 보리 싹이 이렇게 반짝일 수가 없네요.

화분의 흙을 재사용하려고 보리를 파종했는데 뜻밖으로 아름답습니다.

모두가 잘 자라기 위해 애를 씁니다.

지름길을 찾기보다 본질을 생각해야 합니다.

선택의 순간에 옳은 방향을 보는 눈과 믿고 나아갈 힘을 키우는 것이 중요합니다.

질투 없는 응원과
박수는 불가능한가?

식물계는 이렇게 예뻐요, 이렇게 잘 자랐어요, 이렇게 회복했지요, 이렇게 커다래요, 이렇게 자그마해요, 새 식물을 들였어요, 화분과 잘 어울리죠 같은 자랑이 끝이 없다. 그리고 자랑보다 더 많은 건 칭찬이다. 이곳이야 원래 늘 칭찬이 넘치지만, 누군가의 자랑에는 더욱 아낌없는 칭찬이 쏟아진다. 칭찬은 식물 키우기의 원동력이 된다. 그리고 칭찬의 말들뿐만 아니라 질문과 답도 수두룩하게 오가서 지식도 얻을 수 있다. 식물을 키우는 사람 중에는 동물을 키우는 경우도 많아서 고양이나 개 사진도 심심찮게 올라온다. 식물과 동물의 조합은 굉장하다. 함께 있으면 서로를 몇 배나 더 돋보이게 만들어준다. 이렇게 막강한 생명체들 때문에 이 세상이 그래도 잘 굴러가는 거겠지 안심이 된달까. 동물 친구뿐 아니라 가지고 있는 소중하고 예쁘고 귀여운 물건을 자랑할 때도 있고, 맛있게 먹은 음식이나, 내가 이렇게 운동을 열심히 했다, 이런 걸 만들었다, 공부를 열심히 했다, 책을 많이 읽었다, 옷 정리를 해냈다 등등 소소하지만 대단한 자랑거리들이 쉼 없이 올라온다.

다종다양한 자랑 사이에 자식 자랑은 없다. 가끔 아기 자랑은 올라오지만 보기 힘들다. 자식 자랑은 하는 게 아니라는 말 때문일까? 그래도 가끔은, 한두 번쯤은 아이 자랑이 올라오는 게 자연스러운 일 아닐까 싶다. "우리 애 참 예쁘죠?" 하고 남들에게 말하는 건 아이가 어릴 때까지다. 정말 예쁘고 귀엽고 똑똑하다고 누구나 사심 없이 보아줄 수 있는 시기가 있다. 아이들이 슬슬 자기의 모습을 찾아갈 무렵이 되면 내 새끼 예쁘다는 자랑은 점점 줄어든다. 그래야 마땅하다고 여긴다. 자칫 그 시기를 넘기면 자식 자랑하는 팔불출이라는 소리밖에 더 듣겠나. 도를 지나치면 미움받을 수도 있고 말이다. 내 새끼 자랑은 오로지 아이의 할아버지와 할머니만 받아줄 수 있는 것이 된다.

나는 블로그를 꽤 오랫동안 해오고 있다. 아이가 태어나기 전부터 했으니 내가 생각해도 꾸준하기가 정말 상 받을 정도다. 오랜 시간이 지나는 동안 블로그 이웃이 많이 떠났고 많이 생겼고, 그게 반복되었다. 어쩌다 몇 년 만에 들른 이웃이 "와, 여전하시네요" 하면서 감탄하기도 한다. 내 블로그는 20년에 가까운 나의 일상과 내 생각이 기록된 소중한 공간인데, 몇 년 전부터는 아이도 자주 들여다본다. 자기가 기억하지 못하는 어린 시절과 자신이 기억하고 있는 순간들을 볼 수 있다는 점을 재미있게 여기는 것 같다. 구질구질한 얘기는 덜 쓰지만, 그래도 아이를 키우면서 줄곧 생기는 속 터지는 일을 글로 쓰며 해소하기도 하고, 걱정거리를 털어놓기도 한다. 이웃들과 댓글로 대화하는 동안 마음이 풀린 경험이 숱하다.

은찬이는 초등 1학년이 되면서 피아노를 배우기 시작했다. 총 6년을 배웠는데 처음 3년은 정말 누가 봐도 소질이 다분해 보였다. 후반 3년은 어른이 되어서도 잊지 않기 위한 몸부림이었지만 말이다. 가장 괄목할 만한 성장은 당연히 첫 1년이었다. 그 무렵 아이의 관심이 온통 피아노뿐이라 자연스레 피아노에 관한 에피소드나 동영상을 많이 올렸다. 그러던 어느 날 비밀 댓글이 달렸다. "우리 아이는 3년도 넘게 배웠는데 6개월 배운 은찬이보다도 못 치네요. 쩝!" 마지막에 쓴 입맛을 다시는 소리는 못마땅함의 표현이었다. 나의 일상이 누군가에게는 상처가 될 수도 있음이 처음으로 튀어나온 순간이었다. 이때부터 나는 거슬리는 부분이 있는지 검열하기 시작했다. 때로는 내가 왜 이래야 하는가 골똘히 생각해보기도 했지만, 기록에

겸손이라는 필터를 장착하는 건 나쁜 일은 아니라고 생각했다. 그런데 얼마 후, 당시 꽤 친했던 이웃 블로거가 또 이런 답글을 달았다. "은찬이 피아노 너무 잘 치는데 겸손 떠는 것 같아서 별로야." 아, 대체 어느 장단에 춤을 추어야 한단 말인가.

나는 내가 의도하지 않아도 나로 인해 마음 상하는 사람은 항상 일정 비율 있다는 것과 그것은 내가 어쩌지 못하는 부분이라는 사실을 확실히 깨달았다. 받아들이는 사람의 마음이나 감정까지 항상 좋기만을 바라는 것은 오히려 주제넘은 것이겠다는 생각이 들었다. 그래서 상당 부분 내려놓았지만, 여전히 어떤 글을 쓸 때마다 이것을 읽는 사람 중에 마음 다칠 사람은 없을까 잠시 고민한다. 모두에게 좋은 사람이 될 수는 없어도 미움까지 받고 싶진 않다. 이런 내 고민을 들은 친구는 이런 답을 내놓았다. "내 생각에는 모든 걸 고깝게 보자면 한도 끝도 없고, 그렇게 보는 사람은 어느 면으로는 불행한 사람들 아닐까? 자존감이 낮거나."

시기 질투의 대상은 다양하지만 그중 가장 뼈아픈 질투의 대상은 자식일지도 모르겠다. 그래서 자식 자랑은 하는 게 아니라는 옛말이 있나 보다. 그런데 정녕 남의 자식 일에 관대할 수는 없는 걸까? 다른 아이의 성취를 대견하게 받아들일 수는 없는 것일까? 다른 아이의 높은 성취가 반드시 내 아이의 손해로 다가오는 것도 아닌데 그게 왜 그리도 힘들까? 피아노 대회 참가자들도 아니고, 어린 아이의 취미 생활일 뿐인데도 이런 일들이 생기는데, 학습과 성적에는 얼마나 민감할지 상상이 가는 바다. 아이 성적에 대해서는 너무나 간절하고 치열하기에 자칫 잘못하면 남의 자식 안 되길 바라는 마음까지도 품는다. 믿기지 않겠지만 실제로 본 일이 있다. 부러운 마음은 충분히 이해하지만 거기서 더 나간 마음까지는 절대 이해할 수 없고 이해해주고 싶지도 않다. 심지어 안 되길 바라는 마음이라니? 그런 마음을 품는 사람이 어떻게 자기 아이를 잘 키울 수 있단 말인가.

사람들은 성취를 이루기까지의 노력에 대해서는 잘 생각하지 않는 것 같다. 나는 그것이 다른 사람의 성취에 아낌없는 박수를 보낼 수 없는 원인이라고 생각한다. 요즘 내가 가장 부러워하는 대상은 탄탄한 몸을 가진 사람이다. 그렇게 된 데까지의 노력을 짐작할 수 있으니 함부로 시기 질투하지 않는다. 일주일만 식이요법을 해봐도 그건 너무나 잘 알 수 있다. 하물며 멋진 근육이 있다는 건 차원이 다른 고통과 노력이 있었다는 뜻인데 어떻게 질투할 수 있겠는가. 보통은 누군가의 엄청난 업적, 뉴스에 나올 정도로 기막힌 성취는 질투의 마음을 품지 않는다. 그건 감히 넘볼 수 없는 거대한 산이라 그렇다. 시기 질투의 대상은 비교적 가까운 사람이다. 그저 매일 속 편하게 놀고먹은 것 같은 사람이 그 대상이 된다. 하지만 우리가 미처 깨닫지 못하는 사실은 아무리 가까워도 그 사람의 노력을 모른다는 것이다. 부러운 건 당연한 감정이고 질투도 인간적인 감정이지만, 더 나아가서 미움이나 그 사람이 잘 안됐으면 하는 마음은 너무나 다른 것이다. 그들이 들인 시간과 노력에 대해서는 생각해보지도 않은 채 쉽게 품은 시기와 질투는 부끄러운 줄 알아야 한다.

그런 면에서 은찬이에게 피아노를 가르치길 정말 잘했다고 생각한다. 노력 없이는 어떤 곡도 잘 칠 수 없다는 값진 경험을 몇 년 동안 착실히 체득하는 기회가 되었기 때문이다. 복잡한 악보를 보면 처음에는 엄두가 나질 않는다. 해보자는 마음을 굳게 먹고 오른손과 왼손을 천천히 따로 치는 것으로 연습을 시작하는데, 이것도 며칠이 걸린다. 왼손과 오른손을 동시에 맞춰보고 악보를 외우는 데까지 꽤 시간이 걸리고, 다시 유려하게 치는 데까지 몇 주, 전체의 곡에 자신의 느낌을 넣어서 치는 데에 또 많은 시간을 써야 한다. 겪어보지 않고서는 상상할 수 없을 정도로 굉장히 지겹고 지치는 과정이다. 그런 과정을 오래 거쳐야만 쇼팽이나 바흐, 드뷔시의 숨결을 조금이라도 느껴볼 수 있다.

내가 누군가의 성취에 시기와 질투의 마음 없이 응원과 격려와 축하를 보낼 수 있는 것은 내가 행복하기 때문도 아니고, 내 아이가 잘나서도 아니고, 내 자존감이 높아서도 아니다. 그것을 위해 기울였을 노력을 감히 상상해보기 때문이다. 그들이 흘렸을 피, 땀, 눈물을 다 알지는 못하지만, 나에게 대충이나마 짐작할 수 있는 공감 능력은 있다. 당사자와 가족의 헌신, 노력과 공부의 시간을 짐작해본다. 탄탄하고 군살 없는 몸매를 자랑하는 사람을 매일 과자와 빵을 먹으며 질투할 수는 없다. 학교 수업도 잘 듣지 않고 과제도 하지 않는 아이가 매시간 수업에 집중하고 때로는 게임을 포기하고 노력한 아이의 성취를 질투하면 안 된다. 하기 싫다는 마음으로 대충 연습량을 채울까 말까 한 아이가 목표를 가지고 몇 시간씩 매일 연습한 아이의 피아노 실력을 시기하면 안 된다. 그건 반칙이니까. 누군가가 잘하는 것을 보면 그 전에 있었을 피, 땀, 눈물과 그것이 범벅이 된 긴 시간을 생각해야 한다.

치열한 경쟁을 감당해야 하는 아이들과 부모들은 지친 나머지 다른 아이와 부모를 질투하고 미워하기 쉽다. 마음이 약해져 있기 때문일 것이다. 하지만 그런 마음이 든다면 얼른 어른인 우리가 다잡아야 한다. 아이가 그런 마음을 갖지 않도록 하는 게 부모의 역할이고 어른이 할 일이다. 누군가의 노력 앞에 질투와 미움의 감정은 설 자리가 없다. 노력은 숭고한 것이고 존중받아야 한다.

캐롤라이나 재스민

캐롤라이나 재스민은 바닐라 향이 나는 앙증맞은 노란색 꽃을 피워냅니다.

노란색은 질투를 상징한다죠.

질투는 자연스러운 것이지만 정도를 넘어서는 경우도 더러 봅니다.

다른 이의 노력과 시간을 생각하면

그들의 성취에 진심 어린 축하와 아낌없는 박수를 보낼 수 있습니다.

4장 겨울

서로가 서로의 울타리 되어

아이라는 씨앗이 자라는
가정의 온도

화분에서 자라는 식물은 한없이 뿌리를 뻗어 나갈 수 없다. 공간이 너무 작으면 뿌리가 뱅뱅 돌다 뭉쳐버려서 성장 동력이 없어진다. 그래서 대체로 화분이 큰 게 좋지만 무조건 큰 집이 다 좋은 게 아닌 것처럼 식물도 마찬가지다. 지나치게 큰 화분은 흙이 잘 마르지 않아 문제가 생기기 쉽다. 흙도 중요하다. 나는 식물마다 그에 맞는 최적의 흙을 배합하여 줄 정도로 부지런하지는 못해서 일반 상토를 사용한다. 그 대신 흙갈이를 자주 하는 편이다. 새흙은 몇 달 안에 영양분이 소실된다고 들었기 때문이다. 큰 화분일수록 흙갈이를 덜 하게 되는데, 그럴 때는 비료를 주어 영양을 보충해준다.

작년에 묵은 흙(식물이 영양분을 쏙 빼먹은 흙)을 버리는 일에 꾀가 나는 데다가 마침 루꼴라 씨앗이 남아돌기에 그 흙에 파종하였다. 물론 애초에 루꼴라를 키워 먹으려고 준비해둔 화분도 따로 있었다. 그 화분의 흙도 절반은 묵은 흙이었지만 나머지 절반은 새 흙을 채우고 비료도 넣어 보슬보슬하게 만들어놓았다. 두 곳에 루꼴라 씨앗을 넉넉히 파종했다. 마침 비도 슬쩍 왔고 워낙 발아가 잘 되는 종이라 3일 후에는 일제히 싹이 올라왔다. 얼마나 많이 뿌렸는지 아주 속속들이 싹이 올라와서 두 화분 모두 루꼴라 떡잎이 그득해졌다. 일단 발아까지는 모두 성공, 문제는 그 이후였다. 영양가 없는 흙에서 발아한 루꼴라는 씨앗이 품고 있던 양분을 다 사용하자마자 시위하듯 자라지 않았다. 양분이 있는 흙의 루꼴라가 벌써 몇 번째 잎을 내며 흘러넘치도록 쑥쑥 자라는 동안 내내 떡잎 상태를 유지했다. 아무리 묵은 흙이라도 그렇지, 이렇게까지 차이가 난다는 게 볼 때마다 어이가 없었다. 아이도 남편도 옥상에 올라올 때마다 그 둘을 비교해가면서 꽤 황당해하였다. 빠른 성장이 주특기인 일년생 작물이 3주가 되어가도록 겨우 본잎을 낼까 말까 하다니!

몇 년 전에 파종한 석류나무 얘기도 해야겠다. 모처럼 큰맘 먹고 4천 원이나 하는 제법 큰 석류를 하나 사다가 셋이 머리를 맞대고 먹었다. 먹다 보니 내가 발려놓은 씨앗이 너무 깨끗하고 온전하여 심어보자는 마음이 들었다. 시험 삼아 세 개를 심었는데 셋 모두 발아했다. 파종인들이 겪는 고초 중 하나는 늘 생각보다 많은 식물을 감당해야 한다는 데에 있다. 모든 씨앗이 다 발아되는 게 아니니까 항상 넉넉하게 파종해서 나타나는 문제다. 그런데 꼭 여러 개를 가지고 있는 씨앗의 경우는 대부분이 발아하고, 어렵게 구한 한두 개의 씨앗일 경우는 겨우 하나가 발아할까 말까 한다. 씨앗 세계의 규칙인가 할 정도로 어김없다. 이란에서 나고 자란 석류는 우리 집에서 다시 생명을 시작하였다. 나는 졸지에 석류나무 세 그루를 키우게 되었다.

　동시에 씨앗 모자를 벗어 던진 아기 석류 셋은 개체 차이가 없었다. 성장세가 좋아서 서로 뿌리 다툼을 하기 전에 옮겨야 했는데, 쓸 만한 화분 세 개의 크기가 차이 나는 바람에 뜻하지 않게 실험이 시작되었다. 모두 새 흙을 넣었고 이란 못지않게 해가 잘 드는 곳에다 두었다. 한 달쯤 지나자 뚜렷한 차이를 보였는데, 가장 큰 화분의 석류가 가장 작은 화분의 석류보다 네 배 가까이 컸다. 역시 화분이 크면 크게 자란다는 뻔한 결론이었다. 가장 크게 자란 석류나무를 아껴두었던 멋진 토분에 옮겨주었다. 아무래도 이 녀석을 키우게 될 테니 특별 대우를 해준 것이다. 하지만 다시 한 달 후, 결과는 예상 밖이었다. 토분에 옮겨 심었던 큰 나무는 성장이 멈추었을 뿐 아니라, 오히려 병든 것처럼 생기가 없었다. 플라스틱 화분에 계속 두었던 나무는 성장에 날개를 달아 가지마다 곁가지도 잔뜩 내고 광이 나는 단단한 초록 잎을 가득 달았다. 대체 왜 이런 일이 생긴 걸까. 석류나무는 물을 매우 좋아하는 식물이기에 나는 물 주기에 꽤 신경을 썼고 흙을 말린 적도 없다. 그래도 수분 배출이 빠른 토분에서는 역부족이었던 모양이다. 식물이 숨을 쉬어 좋다는 비싼 토분도 어떤 식물에는 효과가 없는 정도가 아니라 아예 치명적일 수도 있다는 사실에 놀랐다. 결국 플라스틱 화분에 두었던 석류나무만이 살아남았다. 이제 4년이 넘은 석류나무는 목대가 제법 굵다.

식물의 흙과 화분은 아이가 자라는 가정 환경에 비견할 수 있다. 식물과 달리 사람에게는 자유의지가 있기에 영양이 부족한 흙이나 걸맞지 않은 화분은 어느 정도 극복할 수도 있을 것이다. 하지만 내가 아이를 키우면서 내내 느꼈던 것은 아이에게는 가정환경이 생각보다 꽤 절대적이라는 점이다. 어릴 적의 나는 부모의 모습이나 가정의 분위기 같은 양육 환경이 어느 가정이나 엇비슷하지 않을까 생각하는 우물 안 개구리였다. 친구들 집에 가면 모든 것이 우리 집과 비슷했고, 굉장히 특이한 말도 안 되는 유형은 뉴스에서나 접하는 사연이었으니까. 하지만 내가 살던 우물에서 나와 다양한 사람을 만나면서 가정 환경은 천차만별이라는 걸 알게 되었다. 그리고 육아는 그 천차만별이 극대화되는 일이었다.

내가 경험한 육아는 다각도의 지식, 지혜, 인성, 결단과 체력까지 필요한 일이다. "대충 키워도 잘만 자라더라"라는 말은 대충 키운 사람만이 할 수 있다. 대충이라는 단어는 낄 틈이 없는 것이 육아다. 육아는 완전히 다른 차원의 일이며, 제대로 해내고자 노력해보지 않은 사람은 절대로 알 수 없는 영역이다. 심지어 남편이나 아내 둘 중 한 사람은 아예 짐작하지 못할 수도 있다. 육아는 보통의 굳은 심지가 있지 않고서는(하지만 융통성도 있어야 한다) 이도 저도 되지 않으며, 양육자끼리의 사랑과 신뢰, 협동이 따라주지 않으면(생각보다 이 부분이 압도적으로 중요하다) 제대로 해낼 수 없다. 또 수많은 정보 속에서 괜찮은 정보, 내 아이와 우리의 상황에 맞는 정보를 가려낼 수 있는 지혜도 필요한데, 이 부분은 아이가 커갈수록 매우 중요해진다. 물론 경제적인 부분도 꽤 중요하고, 그것이 나머지에 적잖이 영향을 준다는 것이 어려운 부분이다. 하지만 사람들이 줄곧 입에 올리는 '아이 키우는 데 드는 돈'은 너무 부풀려져 있다.

'가정 환경'을 말할 때 가정의 분위기는 좀처럼 생각하지 않는 것 같다. 흔히 결손 가정이라고 하면 구조적인 문제(부모 중 한 명, 또는 둘 다 없는 것)를 떠올리는데, 사실 더 문제가 되는 건 기능적 결손이라고 한다. 부모가 있으나 그 역할을 제대로 수행하지 못하는 상태 말이다. 예를 들어 가정불화, 방임, 애정 결핍, 무관심, 무책임 등이다. 최근에는 이 기능적 결손이 구조적 결손보다 자녀에게 훨씬 더 큰 해악을 끼친다는 기사가 많이 나왔다. 부모의 부재가 주는 영향보다 부모의 존재 자체가 아이에게 악영향을 끼친다는 사실이 놀랍다. 그러니 모종의 이유로 혼자서 아이를 키울 결심을 했다더라도 너무 걱정할 필요는 없을 것이다.

'부부 싸움은 칼로 물 베기'라지만 그걸 바라보는 혹은 듣는, 또는 보고 듣지는 못했지만 느끼는 아이는 그렇지 않다. 내 어린 시절을 생각해봐도 그렇다. 엄마와 아빠가 싸우는 날에는 불안에 떨었다. 그만하라는 말 같은 건 엄두도 못 낼 성격인 나는 내 방 귀퉁이에서 무릎을 모아 안고 울기도 했고, 부모님께 건네지 못할 편지를 주절주절 쓰며 마음을 다스렸다. 그런 폭풍이 지나가면 며칠은 마음이 상해 있는 엄마의 뒷모습을 봐야 했고, 어린 마음에도 평소처럼 장난을 치거나 간식을 요구할 수 없다는 걸 알았다. 부모님이 어떻게 다시 화해하고 평소처럼 돌아갔는지는 기억에 없다. 그저 내가 견딜 수 없던 분위기, 매 순간이 불안했던 것, 아무것에도 의욕이 생기지 않고 가라앉던 기분, 친구와 놀 때조차 전혀 즐겁지 않았던 마음만 서늘하게 떠오른다. 그나마 엄마가 나를 붙잡고 감정적인 호소를 하거나, 자기편이 되어주길 바라는 말을 늘어놓지 않은 것을 다행으로 여긴다.

트위터나 온라인 게시판에는 이런 어린 날들의 이야기들이 이따금 올라오는데 가정의 불화에 아무렇지 않았다는 사람은 아무도 없다. 그들의 부모들은 상상하지 못할 정도로 모두 처절한 상처를 받았고, 여전히 그 마음을 조금씩 안고 살아간다. 심한 경우 그 트라우마가 어른이 된 현재의 삶에까지 파고들어 매 순간 어떤 식으로든 영향을 끼친다. 부모가 싸우는 것은 아이에게는 전쟁을 겪는 것과 같다는 글을 본 적이 있다. 정도의 차이가 있겠지만 작게라도 폭언이나 폭력까지 오간다면 어떻겠는가. 이런 가시적인 싸움에 뒤지지 않는 것이 있으니, 그것은 부모끼리의 냉담과 무관심이다. 서로를 투명 인간 취급한다거나, 서로 싫어하는 것이 확연히 보인다면 아이가 겪는 상처와 상실감은 상상 이상일 것이다. 그런 일을 지속해서 겪는 자식은 자신이 사랑의 결정체가 아닌, 부모의 불행한 삶의 원인이라는 부채 의식을 평생 가지고 살아야 한다. 또 집과 남들 앞에서 서로에 대한 태도가 다른 부모를 계속 지켜본 자녀는 사랑의 진정성을 믿지 못하는 사람이 될 수도 있다는 것을 그 부모는 알까? 아이가 온전히 자라지 못하게 독한 냉기를 내뿜는 건 양육자들의 관계다.

아이에게 영양가 있는 흙과 꼭 알맞은 화분은 부모가 서로를 바라보는 마음이고, 모든 것은 그것으로부터 시작된다. 서로를 향하는 시선, 말투, 배려, 다정한 태도는 고스란히 아이에게 전달된다. 나의 부모가 서로를 사랑한다는 사실 하나만으로도 아이는 깊은 안정을 얻는다. 꼭 부모가 아니더라도 함께 사는 가족들의 안정된 상태는 매우 직접적인 영향을 주는 요소다. 집에 돌아오면 항상 편안하고 따뜻한 공기가 있다는 건 정말 굉장한 일이다. 자신의 어린 시절을 떠올려보면 그것이 갖는 가치를 충분히 짐작할 수 있다. 긴장감없는 안락한 가정의 분위기는 아이의 뿌리를 튼튼하게 만들어줄 것이다. 그런 분위기 속에서 자라는 아이는 어떤 비바람에도 흔들리지않을 것이다.

브레이니아 가족

올망졸망 다복한 브레이니아 가족입니다.

필요할 때마다 화분과 영양을 적절하게 제공해주면 무럭무럭 자랍니다.

아이가 잘 자랄 수 있는 알맞은 온도와 필요한 양분은

부모가 서로를 사랑하는 마음에서 비롯되는 것 같습니다.

아이도 우리도 무엇보다 마음의 평화가 중요합니다.

나만의 시간이
필요할 때

엄마는 씨앗이 생기면 그냥 아무 화분에나 꾹 박아놓는 게 버릇이었다. 옛날부터 그랬다. 그래서 엄마의 화분에는 알 수 없는 식물이 곁방살이하는 경우가 많았다. 얼마 전 본가에 갔더니 운동하고 오다가 씨앗을 주웠다면서 옆에 있는 화분에 또 꾹 눌러 박아놓기에 그런 식으로 파종하면 어쩌냐고 잔소리를 늘어놓았다. 언제 심었는지 날짜도 쓰고, 무슨 종자인지 딱 적어놔야지, 게다가 이렇게 박아둔 씨앗이 한둘도 아니고 다 어떻게 기억할 거냐고 답답해서 한소리를 하였다. 나의 타박에 엄마는 그게 무슨 대수냐는 눈빛으로 "나오면 뭔지 알지" 하였다. 그냥 잊고 살다 보면 알아서 나온다는 것이다. 엄마의 '나오면 뭔지 알 거고, 안 나오면 말고' 식의 여유로운 태도를 나는 가지지 못했다. 나는 씨앗을 심으면 바로 다음 날부터 집착을 부린다.

본격적으로 식물을 키우면서 나는 엄마의 식물에도 참견하기 시작했다. 전문 용어를 써가면서 이건 이렇다 저건 저렇다, 이렇게 하면 안 된다, 여기를 잘라라, 왜 이런 흙에 심었냐, 이 자리는 안 좋다, 이러쿵저러쿵 아주 잘도 늘어놓았다. 하지만 별 신경도 쓰지 않는 것 같은 엄마의 식물은 항상 너무 잘 자랐고, 식물 박사 학위라도 딴 것처럼 떠들면서 식물을 주물러대는 나는 잘도 죽였다. 안달복달 전전긍긍하면서 좋다는 건 다 해가며 키우는 내 식물보다 줄곧 몇 발짝 떨어져서 지켜보는 엄마의 식물이 누가 봐도 때깔이 더 좋았다. 또 엄마는 옛날부터 남들에게 식물을 척척 잘 주었다. 내가 키운 것도 아니면서 나는 그게 아까웠다. 열심히 키운 걸 왜 저렇게 쉽게 줘버리나 하고 어린 마음에 못마땅하여 눈을 가늘게 떴다. 엄마는 엄마의 식물이 예쁘다고 하는 이에게 망설이지 않고 그 식물을 안겨주었고, 다 죽게 생겼다고 다시 들고 와도 다른 식물을 안겨줄 정도로 너그러웠다. 엄마의 이런 태도는 한결같아서 여전히 엄마의 식물은 여기저기로 간다.

엄마는 식물을 키우고 나누는 데만 여유가 있는 게 아니었다. 곰곰이 돌이켜보면 자식을 키울 때도 마음의 여유가 있었다. 어린아이의 마음과 행동을 이해해주었달까. 내가 엄마가 된 이후 가장 자책했던 순간은 돌아보면 별일도 아닌 걸로 아이에게 짜증을 내거나, 아이를 혼냈을 때다. 아무리 기억을 더듬어보아도 나의 엄마는 내게 그런 적이 없는데 나는 대체 왜 이럴까 생각하며 낙담하기 때문이다. 엄마는 아이가 놀다 보면, 울다 보면, 낯설어서, 겁먹어서, 신나서, 재밌어서, 실수로 그럴 수 있다면서 넘어가 주었다. 내가 쓸데없는 짜증을 부려대도 함께 짜증을 내지 않았다. 어지간해서는 타박하거나 혼내지 않았다. 그때와 지금은 엄마에게 요구되는 역할의 무게와 사회적 시선이 한참 다르다는 변명을 내밀어본들 나는 옹졸하고 엄마는 너그럽다는 사실만 다시 확인할 뿐이었다.

사실 엄마에 비하면 나는 여유가 넘쳐흘러 강을 이룰 만한 조건에서 아이를 키웠다. 집안일이며 먹거리 준비, 경제 상황, 남편의 역할 등 모든 형편이 비교할 수 없을 정도다. 그런데도 나는 엄마처럼 마음의 여유가 없었다. 아무리 여유로운 조건이 넘쳐흐른대도 그 중심에 버티고 있는 건 바로 '나'라는 존재기 때문이다. 엄마라면 너그럽게 넘길 일에도 나는 쉬이 옹졸한 마음이 되었다. 그리고 나중에는 반드시 후회했는데, 그때마다 나는 모든 건 시간 때문이라는 변명을 손에 쥐고 바들거렸다. 시간이 있어야 나 자신을 돌보고, 그래야 여유를 갖고, 그래야 아이에게 더 양질의 마음을 내어줄 수 있다고 생각했다.

나는 어려서부터 나만의 시간을 완벽히 보장받고 자란 덕에 내 시간이 없는 생활이 어떤 것인 줄 모르고 살아왔다. 요즘 사람들이 대개 그렇듯이 말이다. 그렇게 자란 사람이 내 시간이 통째로 사라지는 마법 같은 육아 세계에 발을 들인 것이다. 그곳은 나의 시간을 다 내놓아야만 온전히 굴러갈까 말까 하는 세상이었다. 내가 예상한 범위에서 한참이나 벗어난 강도로 내 시간을 쥐어짜야 했다. 다정은 체력에서 나오고 여유로운 마음은 시간에서 나온다는 것을 나는 체력과 시간이 바닥나서야 알게 되었다.

특히 젖먹이를 키울 때는 몇 시간 간격으로 먹이고 치우고 재우고를 반복하다 보면 어느새 밤이다. 순간순간이 지독하게 느리게 흘러가는 동시에 순식간에 사라져버려서 항상 어리둥절하였다. 제때 화장실에 갈 틈도 없는 생활이지만, 젖을 물리거나 아이를 재울 때는 악착같이 책을 읽었다. 머리맡에는 나를 지탱해줄 소설책들이 항상 놓여 있었다. 피곤해서 입술과 눈이 부르터도 아이가 밤잠을 자면(물론 곧 깰 테지만) 잊지 않고 방을 나와 컴퓨터를 켜고 매일매일을 기록하고 세상과 소통했다. 그 시간이 내가 나를 위해 쓰는 유일한 시간이라고 여겼다. 일과 육아를 병행할 때는 가끔 앞이 보이지 않을 정도로 피곤했지만, 그래도 나는 무시하고 잠을 줄여 블로그를 하고 책을 읽었다. 언제나 절대적으로 시간이 모자랐기에 잠을 줄이는 것이 시간을 비틀어 짜내는 유일한 방법이었다. 그리고 그렇게 만들어낸 금쪽같은 시간을 허송세월할 수는 없다고 생각했다.

그때 나는 나만의 시간을 꼭 생산적인 무얼 하며 보내야만 의미 있는 게 아니라는 사실을 몰랐다. 자기 계발이나 그럴듯한 취미만이 시간을 값지게 보내는 방법이 아니다. 특히 요즘은 SNS가 발달한 까닭에 더 압박을 느끼기 쉬울 것 같다. '다들 저렇게 대단하고 열심인데 나는 왜 이럴까'의 늪에 빠지기 아주 쉬운 세상이다. 그렇기에 조금 더 자신의 상황과 상태에 집중해야 한다. 나에게 지금 가장 필요한 것을 살필 수 있어야 한다. 항상 노력하고 뭐라도 하는 건 여자들이지만, 우리는 너무 열심히 해서 탈이다. 엄마들은 어린아이를 키우면서 이게 가능한가 할 정도로 책을 읽고, 모임을 하고, 글을 쓰고, 필사를 하고, 운동을 하고, 공예를 하고, 그림을 그리고, 외국어를 익히고, 요리를 한다. 애를 거의 다 키워 시간이 넉넉한 내가 보아도 입이 떡 벌어진다. 비슷한 또래를 키우는 엄마라면 대단한 동기 부여가 될 수도 있지만, 어쩌면 박탈감이나 자괴감을 느낄 수도 있겠다 싶을 정도다. 현실에서는 아기를 키우는 것만으로도 눈물 콧물 쏟으면서 머리 한번 하러 가기도 어려운데, 스마트폰 속의 세상은 아기와 저렇게 잘 놀아주고, 잘 가르치고, 잘 해 먹이고, 성취를 이루고, 운동까지 하니까 말이다. 그 모습이 전부가 아니라는 걸 잘 알지만, 자꾸 보다 보면 마음이 쪼그라들고 조바심이 난다. 워킹맘은 아이와 잘 놀아주고 정성 들여 잘 먹이는 계정을 보면 죄책감이 들고, 전업맘은 자기의 일을 하면서도 아이까지 잘 키워내는 계정을 보면 자신이 초라하게 느껴진다. 그리고 그런 생각은 점점 마음을 파고들어 구멍을 낸다.

내 아이를 다른 아이와 비교하면 안 되듯이, 자신도 다른 사람과 비교하지 말아야 한다. 물론 다른 사람의 모습을 통해서 위로와 용기를 얻어 삶의 자세를 배우고 조금 더 나은 사람이 될 수 있다. 하지만 그 반대라면 끊어내야 한다. 어렵게 확보한 내 시간을 남과 비교하며 우울해하는 것만큼 하찮게 보내는 건 없다. 어떤 목표를 가지고 내 시간을 쓰고, 그걸로 성취를 느끼고, SNS에 기록하고 소통하는 건 너무 좋다. 그것이 매일의 활력이 되고, 성취감을 느끼는 수단이 된다는 걸 안다. 하지만 그것 자체가 점점 부담스러운 숙제가 되고 지나치게 반응에 신경을 쓴 나머지 알맹이 없는 기록에 급급하게 된다면, 또 이제는 자기 만족감이 거의 없다면, 스스로 그 동굴에서 빠져나와야 한다.

나만의 시간은 나를 돌볼 수 있는 시간이어야 한다. 나의 숨통을 틔워줄 수 있어야 한다. 그래서 나의 마음에 여유가 생기도록 말이다. 내 시간을 어떻게 보내는 것이 가장 좋을지는 내가 제일 잘 안다. 내가 설정한 삶의 모습에 나를 맞추려고 너무 애쓸 필요 없다. 좋아 보이는 다른 이의 시간과 나의 시간을 비교하지 말아야 한다. 의미 있는 것을 해야만 한다는 강박에 시달릴 필요가 없다. 누구에게도 나를 증명할 필요가 없다. 다른 이들의 눈치를 보지 않아도 괜찮다. 내가 하는 행위의 주인공이 다른 사람이 되어서는 안 된다. 주인공은 나야 나! 소중한 내 시간에 내가 소외되는 일이 벌어지면 안 된다. 누군가에게는 잠을 자는 것, 드라마나 영화를 보는 것, 반신욕을 하는 것, 내가 선택한 음식을 앉아서 천천히 먹는 것, 친구와 전화하는 것, 음악을 들으며 산책하는 것, 카페나 화원에 가는 것, 소파에 누워 게임을 하는 것, 좋아하는 과자를 먹으면서 책을 읽는 것이 자신에게 가장 필요한 것일 수 있다. 무언가를 열심히 하지 않아도 괜찮다.

이제 나는 나만의 시간을 꽤 챙길 수 있는 청소년의 엄마다. 시간 여유가 생겨서 마음의 여유도 생겼냐고 묻는다면 그렇다고 대답하겠지만, 절반의 이유는 그저 아이가 자랐기 때문이기도 하다. 물론 아직도 아이에게 '빨리' '얼른'이라는 말을 달고 살고, 여전히 짜증도 내고, '내가 너를 위해서'로 시작되는 생색내기도 잦다. 하지만 분명한 건 아이가 자라면서 내 시간이 늘어났고, 이에 비례하여 내 마음의 여유도 대폭 늘었다는 것이다. 그런데 시간이 없어 하지 못하는 것들이 잔뜩이라며 벼르던 사람치고는 이제는 시간을 술술 버린다는 게 스스로 민망한 포인트다. 막상 시험이 끝나자 하고 싶은 게 사라진 아이처럼 말이다. 넷플릭스의 목차를 뒤적이다가 영화 한 편 못 보고 두어 시간을 흘려보내기도 하고, 게임이나 낮잠으로 온통 보내기도 한다. 빌려온 책을 펼쳐보지도 못하고 그대로 반납하기 일쑤이며, 30분이라도 운동을 하면 더할 나위 없이 뿌듯한 하루다. 변한 게 있다면 이제는 그렇게 시간을 보내도 내 마음이 전혀 무겁지 않다는 것이다. 또 나만의 시간으로 온전히 쓸 수 있는 고요한 시간을 기꺼이 여기저기에 내어준다. 밑반찬을 만들고, 재활용품을 분리하고, 가족들의 옷장 정리를 하면서 말이다. 이 시간에 내가 하면 좋았을 다른 일들을 떠올리지 않게 되었다. 이것이 나에게 생긴 마음의 여유다.

우리는 너무 필요 조건을 생각하는 경향이 있다. 마음의 여유를 가지려면 나만의 시간이 꼭 있어야 하고, 내 시간은 가족을 위한 시간과는 별개이며, 그 시간을 보란 듯이 보내야만 삶이 만족스러울 거라고 내가 생각했던 것처럼 말이다. 지금도 나만의 시간을 몹시 갈구하는 엄마들이 많을 것이다. 모두가 그 과정을 거친다. 지금은 한 주먹뿐인 나만의 시간도 앞으로는 반드시 조금씩 늘어날 것이니 조급해하지 말고 여유를 가지면 좋겠다. 그리고 그 시간에 무얼 해야만 의미 있는 게 아니라 그 시간을 보내는 내 마음의 평화가 중요하다는 사실을 알면 좋겠다. 이런 '나만의 시간'은 엄마뿐 아니라 각각의 가족 구성원, 어린아이에게도 필요하다.

남천의 꽃봉오리

남천은 파종이 어렵다는데요,

이 남천은 엄마가 꾹 박아 놓은 씨앗이 발아하여 키우게 되었습니다.

마음의 여유는 타고나는 거라고 생각했지만, 꼭 그렇지도 않더라고요.

안달복달하는 성격이던 저도 이제는 제법 여유로운 마음으로 살아갑니다.

어쩌면 시간이 해결해주는 일인지도 모릅니다.

사랑에도
일관성은 중요하다

올해 튤립 농사는 처절하게 망하고 말았다. 간신히 꽃을 피워낸 튤립은 겨우 열둘. 꽃대가 올라오다가 사그라든 건 무려 스무 개고, 꽃대조차 올리지 못한 구근의 숫자도 그만큼이나 된다. 이렇게까지 망쳐버린 원인은 다 인스타그램 때문이다. 최근에 나도 인스타 대열에 합류하였다. 그런데 다들 어찌나 사진을 예쁘게 찍는지, 배경은 또 얼마나 깔끔하고 멋진지, 매번 넋을 놓고 보다가 나도 올해는 튤립 사진에 심혈을 기울여보리라 각오를 단단히 하였다. 그래서 매년 튤립을 모아 심는 커다란 초록색 플라스틱 화분 말고, 빈티지 토분까지 잔뜩 동원해서 튤립 구근을 심었다.

튤립은 서늘한 곳에서 키워야 한다. 그걸 잘 알지만 내가 늘 튤립을 키우는 서늘한 장소는 배경이 별로다. 결정적으로 햇빛이 정통으로 화분에 닿지 않는다. 식물 사진의 핵심은 햇빛 아닌가! 그래서 싹이 올라오길 기다렸다가 거실 창 밑으로 죄다 옮겼다. 햇빛이 옆으로 스윽 들어와서 튤립에 닿을 때 찍으면 사진이 기가 막힐 테니까. 난방이 되는 따뜻한 거실에서 깊게 들어오는 늦겨울의 햇살을 받은 튤립은 성장세가 남달랐다. 그래도 튤립이 너무 더우면 안 되는데 싶어서 사진을 안 찍는 날에는 거실의 문 밖에다 내놨다. 그러다 햇살이 좋은 날이면 몇 번이나 왔다 갔다 하면서 무거운 토분을 죄다 들이는 수고를 흔쾌히 했다. 그렇게 들락날락하는 날들이 계속되었다. 꾀가 날 때는 거실 창 아래에다 며칠 동안 두었고, 그러면 자라는 게 눈에 보였다.

하지만 얼마 후 느닷없이 튤립이 변하기 시작했다. 누가 으깨놓은 것처럼 잎이 짜부라지면서 진액을 뿜어내기 시작하더니, 이제 올라오기 시작한 꽃대까지 고꾸라지는 것 아닌가. 심히 당황한 나는 부랴부랴 튤립을 밖에 내놓고 백방으로 알아보았다. 사람들에게 묻고, 전문가에게까지 사진과 메시지를 보냈다. 나에게 돌아온 공통된 질문은 "화분을 자주 옮겼나요?" 였다. 네, 아무렴요. 햇빛과 사진에 미쳐서 아주 자주 옮겼답니다. 사람들은 식물의 자리를 계속 바꾸면 스트레스에 시달려서 제대로 크지 못한다며, 이건 그 전형적인 증상이라고 했다. 애석하게도 그건 이미 내가 잘 알고 있는 상식이었다.

식물 집사 초반에는 햇빛에 지나치게 집착한 나머지 실내 식물들을 아침에는 동쪽 창으로, 오후에는 남쪽 창으로 해를 따라서 일일이 나르면서 식물을 키웠더랬다. 나는 식물을 이토록 사랑한다는 자부심에 가득 차서 말이다. 하지만 식물 공부를 하면서 그것은 오히려 좋지 않다는 걸 알게 되었다. 자신의 자리에 최대한 적응하려 애쓰는 개체를 빛과 온도가 다른 자리로 계속 옮기는 건 스트레스를 주는 짓이었다. 나는 내가 해줄 수 있는 최대한 해를 쬐어주고 싶어서 종일 종종거리며 애썼건만, 그것이 잘못된 사랑이었다니! 식물에는 안정을 취할 수 있는 일관성 있는 자리와 익숙한 시간에 들고 나는 햇빛이 중요했다. 이미 알고 있는 사실임에도 이렇게 시행착오를 겪어야만 처절하게 깨닫는 어리석음에 혀를 차며 고꾸라진 튤립을 한참이나 버리지 못하였다.

절대적이라는 부모의 사랑도 오락가락할 수 있고 들쭉날쭉할 수 있다. 사랑의 강도 역시도 수많은 외부 요인과 내적 변화로 달라질 수 있다. 부모는 한결같은 사랑을 주었다고 생각해도 사랑받는 대상인 아이는 다르게 느낀다. 아이는 자신의 행동이나 그로 인한 결과에 따라서 부모의 사랑이 변할 수 있다고 생각한다. 다른 형제자매에 비해 자신이 받는 사랑의 질과 양이 다르다고 생각할 수 있으며, 심지어 이제 더는 사랑받지 못할 거라고 여길 수도 있다. 그리고 아이가 그렇게 느낀다면 부모가 아무리 그렇지 않다고 항변하여도 그건 사실일 것이다. 자신이 어떤 모습이더라도, 또 어떤 결과와 성취를 내밀더라도 나에 대한 내 부모의 사랑이 변하지 않으리라는 믿음은, 아무리 가물어도 마르지 않는 깊은 산속의 샘물처럼 절대적이어야 한다. 이 믿음은 부모가 혼을 낸다고, 신경을 덜 써준다고, 중요한 걸 깜빡했다고 해도 의심할 수 없는 굳건한 믿음이다.

얼마 전 거센 사춘기의 폭풍을 겪어낸 친구는 이렇게 물었다. "은찬이는 또래랑 너무 달라. 너는 모르지? 대체 그 이유가 뭘까?" 당연히 나는 모른다. "애를 안 혼냈니? 아니, 은찬이는 혼날 짓을 별로 안 했지?"라는 말도 했지만, 확실한 것은 혼날 짓을 안 하는 아이는 없다. 내 아이도 혼날 만큼 혼나면서 자랐다. 최소한 나보다 몇십 배는 많이 혼났다. 그런데 곰곰이 생각해보니 내 아이에게 다른 점이 있긴 했다. 지독하게 혼나고 난 후에도 금세 기분을 푼다는 점이다. 이걸 책에서는 '회복탄력성'이라고 하고, 나는 '뒤끝이 없다'고 표현한다. 아이는 어려서부터 여태 삐친 적이 단 한 번도 없다. 크게 혼난 이후에도 금방 원래 기분을 되찾는다. 뒤끝이 실타래만큼 긴 나는 아이의 이런 점을 항상 신기하게 생각했다.

일관성은 육아에서 아주 중요한 키워드다. 일관성 없는 말과 행동, 훈육이 아이에게 좋지 않다는 걸 부모들은 다 알고 있다. 이랬다 저랬다 하는 부모의 태도가 아이를 불안하게 만드는 일등 공신이라는 건 부모라면 아주 잘 아는 상식이다. 하지만 가장 근본적인 것은 아이가 느끼는 사랑의 일관성이다. 부모는 아이를 향한 부모의 사랑은 절대로 변하거나 옅어지거나 거둬질 가능성이 없다는 차돌같이 굳건한 믿음을 아이의 가슴에 심어주어야 한다. 이때 시간은 절대적 요건이 아니라고 생각한다. 함께 보내는 시간이 꼭 양질의 시간을 담보하지는 않기 때문이다. 오히려 그 반대가 되기 아주 쉽다.

어찌 보면 부모의 사랑은 주는 사람이 아니라 받는 사람이 기준이 되어야 한다. 사랑이라는 속성이 그러하지 않나. 게다가 아이가 자라면서 사랑은 자칫 잘못된 방향으로 흐르기 쉽다. 내가 화분을 들고 해를 쫓아다녔던 것처럼 말이다. 부모는 아이의 인생에 중요할 거라는 주관적 판단으로 아이의 상태를 살피지도 않고 채찍질하며 몰아붙이거나, 아이에게 트로피를 안겨주는 것을 사랑이라고 착각하기도 한다. 혹은 물질적 보상을 사랑이라 여기고 스스로 만족한다. 부모의 선택과 행동은 자녀에 대한 사랑에서 비롯된 것이지만 언제나 꼭 그렇지는 않다. 아이가 아니라 자신을 위한 선택과 행동을 하는 경우도 사실은 꽤 많다. 그리고 아이는 진심으로 자신에게 신경 쓰는지, 성과에 더 신경을 쓰는지, 아니면 다른 이유가 있는지 본능처럼 알아차린다.

나와 남편의 육아가 언제나 칭찬받을 만했던 건 아니지만, 우리는 시행착오와 잘못을 흘려보내지 않고 성찰했다. 그래서 매번 더 나은 방향을 선택할 수 있었다고 생각한다. 그리고 그 모든 과정에서 한결같았다고 자신 있게 말할 수 있는 유일한 것은 내 아이가 느꼈을 사랑의 절대성이다. 아이가 딛고 선 땅이 흔들리지 않도록 매 순간 살피고 애썼다. 어떤 상황과 어려움을 맞닥뜨려도 해결할 방법이 있다는 것을 알려주려 노력하고, 엄마 아빠는 항상 네 편이라는 것을, 그리고 결국은 너만 괜찮으면 뭐든 다 괜찮다는 것을 끊임없이 말해주었다. 어렸을 때야 사랑이라는 말이 무시로 넘치지만, 아이가 커서도 한결같이 표현하기는 힘들다. '말 안 해도 알겠지, 다 컸는데 무슨 사랑 타령이야'라고 생각할 수 있지만 사랑의 표현은 많을수록 좋은 것이다.

　우리는 요즘도 아이에게 사랑한다는 말을 굉장히 많이 한다. 그리고 우리 집에서 그 말을 가장 많이 하는 사람은 여전히 남편이다. 아이가 학교 갈 때도, 공부하러 방에 들어갈 때도, 대화 중에도, 자기 전에 이불을 여며주고 방을 나오면서도 아이에게 사랑을 말하고 따뜻한 말들을 전한다. 아이를 지극히 아끼고 안녕을 염려하는 사랑이 녹아들어 있는 행동과 말을 아이도 당연히 느낄 수 있으리라. 충분하게 보살핌을 받는다는 깊은 안정이 있으리라. 이것이 중3이 된 아들이 아직도 엄마 아빠에게 달려와 안기고, 등교할 때마다 매번 두 번 뒤를 돌아보면서 창문을 향해 손을 흔들고, 여전히 함께 게임과 운동을 하고, 쉴 새 없이 대화를 나눌 수 있는, 실컷 혼이 난 다음에도 금세 기분을 추스르고 나와 깔깔거릴 수 있는 까닭이지 않겠나 싶다.

겨우 꽃을 피운 튤립

사진의 튤립은 간신히 꽃을 피워낸 튤립 중 일부입니다.

그래서인지 더 애처롭고 소중합니다.

식물도 육아만큼이나 일관성이 중요합니다.

부모의 말과 행동이 항상 일관성을 갖기는 힘듭니다.

때때로 감정이 요동치지만 사랑의 일관성은 꼭 지켜내기 위해 노력합니다.

가족이라는 한 팀

맑은 날의 강물처럼 잔잔한 식물계에도 때로는 이별을 고하는 소식이 올라온다. 앞으로 학업에 정진할 작정이라거나, 아파서 당분간 쉬어야겠다거나, 외국으로 이주하게 되었다는 소식 같은 것이다. 계정을 삭제하지 않는 이상은 어느 정도는 돌아올 것이 담보된 이별이다. 물론 이런 얘기 없이 조용히 사라졌다가 여력이 생기면 다시 나타나기도 한다. 나도 바쁠 때 몇 달쯤 떠나본 적이 있는데, 다시 슬며시 나타났더니 모두 어제 본 듯 대해주었다. 하지만 가끔은 앞으로 식물 키우기를 못 하게 되었다며 영영 이별을 통보하는 사연도 올라온다. 주된 이유는 함께 사는 가족의 반대다. 식물을 키우는 사람 중에는 가족의 반대나 불만 섞인 타박을 감당하면서 취미를 이어나가는 사람들이 있다. 공간이 좁아졌다, 돈을 많이 쓴다, 식물에만 신경을 쓴다, 벌레가 꼬인다, 흙이 떨어져 지저분하다 등등 가족들의 불만은 다양하다. 그래서 간혹 가족이 식물 생활에 호의적이라거나, 도와주었다거나, 적극적인 지원이 있었다는 글에는 부러워하는 답글이 달린다.

 내가 본 가장 슬펐던 사연도 역시 가족의 반대였다. 공부해야 할 시간에 지나치게 식물에 신경 쓴다는 이유로 엄마가 자신의 식물들을 모조리 잘라버렸다는 것이다. 마음의 폭풍이 이미 세차게 지나갔는지 이런 사실을 꽤 담담히 알려왔는데, 너무 담담해서 오히려 목이 메었다. 어떤 일들이 쌓여서 이렇게 되었는지 그 사정을 다 알 순 없지만, 믿기 힘든 광경을 마주하고 놀라 오그라들었을 마음을 떠올리니 내 마음에도 생채기가 생길 것 같았다. 용돈을 모아 식물을 하나씩 사고, 잘 키워보려 검색도 하고, 해가 제일 잘 드는 창가에 두고, 창을 열어주고, 사진도 찍고, 사람들과 소통했던 그의 시간을 생각하자 슬픔이 몰려와서 조금 눈물이 났다. 소중한 딸이 그토록 정성 들여 키우던 식물을 모조리 잘라버리고야 만 엄마의 심정 또한 절절했을 테다. 잘라버릴 마음을 먹기까지 엄마의 걱정과 고민의 시간 또한 짐작할 수 있었으므로 내가 흘리는 눈물은 그 두 사람의 미어지는 마음에 대한 것이었다.

가족의 지지와 인정은 생각보다 힘이 세다. 가족의 인정과 지지를 등에 업으면 굉장히 안정된 상태가 되고, 그것을 거름 삼아 행복한 마음으로 힘차게 해나갈 수 있다. 자신이 하는 일에 가족의 반대나 타박이 있는 상황은 아마도 지독하게 외로울 것이다. 잘 해내도 기꺼운 박수를 받지 못할 테고, 잘 해내지 못한다면 냉소를 당하는 상황에 놓이기 때문이다. 새로운 일에 뛰어들거나 거기서 성과를 낸 청년들의 인터뷰를 간혹 보게 되는데, 그들의 단골 멘트는 "부모님이 믿어주셨어요" 아니면 "부모님께서 지지해주셨어요"였다. 모든 것에 항상 지지를 보낼 수는 없겠지만 어쩌다 열의를 보이는 것에는 함께 관심을 두고 응원해줄 수 있는 것 아닐까? 열정을 인정해줄 수는 없을까?

　물론 내 가족의 일이라고 해서 언제나 묻지도 따지지도 않고 지지할 수는 없는 일이다. 세대와 성별이 다르면 가치관과 상황 판단이 다를 수밖에 없고, 그것은 가족이라는 이름만으로 저절로 극복되는 게 아니다. 잘 알지 못하거나 이해하지 못한 상태로는 힘들다. 또 가족 구성원 중 일부가 배제되는 일도 있다. 대체로 그 대상은 아빠, 그러니까 남편이다. 아이가 어릴 때는 아이의 모든 것을 남편과 상의하지만, 아이가 자라면서 서서히 배제된다. 특히 교육 쪽은 더 그렇다. 남편은 요즘의 교육 시스템에 대해 잘 모르니 일일이 설명해주어야 하고, 그러자니 시간이 들고 입이 아프다. 또 여전히 예전

방식에 사로잡혀 있어 이견이 생기는 일이 잦다. 적극적으로 알고자 하는 열정도 없고, 그러고 보니 듣기 귀찮은 눈치인 것 같기도 하다. 상황이 이러하니 척하면 척 알아듣고 말도 훨씬 잘 통하는 아이 친구 엄마들하고만 대화하게 된다. 점점 학업 상담은 물론이고 아이에 관한 모든 고민은 다른 사람들과 하게 된다.

아이의 학교 생활이나 공부에 관해 아빠의 역할이 배제되는 상황은 아주 일반적이고 흔히 볼 수 있는 모습이다. 영화나 드라마에서도 이런 장면이 종종 나오지 않나. 그리고 그것은 어느 정도 당연한 것으로 용인되고 이해받는다. 그러다 진학의 시기가 닥쳐서 어떤 고등학교를 지원해야 할지, 진로를 어떻게 잡아야 할지, 어떤 대학을 보내는 것이 나을지 같은 중차대한 문제를 상의해야 하는 시점이 오면 굉장한 벽에 부딪히고 만다. 여태 고민을 나누던 사람들은 다들 자기 코가 석 자인 데다 어차피 내 아이의 일에 진심이 아니다. 그렇다고 갑자기 남편과 진학에 관해 대화하긴 힘들다. 고입과 대입의 진학이 어떻게 이루어지는지, 여태 아이가 무엇을 어떻게 해왔는지 모르는 사람과 상의할 수 있는 단순한 교육 시스템이 아니기 때문이다.

처음부터 남편을 배제하는 아내는 없다. 하지만 '그런 건' 알아서 하라는 남편들은 꽤 많다. 대충 흘려듣기에 나중에 같은 소리를 하고 또 해야 하는 일이 거듭된다. 아이의 친구, 학업, 선생님, 학교 생활에 대해 아내의 10분의 1만큼도 관심을 두지 않는다. 사실 관심이 없다기보다 귀찮다는 쪽이 더 많을 것이다. 나는 '돈을 벌어오는 사람'이니 아이의 교육같이 골치 아픈 건 '아내의 일'이라고 생각하는 사람이 의외로 많다. 아무리 말해도 잘 전달되지 않는 일이 지속되면 아내도 버틸 재간이 없다. 변화무쌍한 교육 제도와 다종다양한 교과와 내 아이에게 유리한 진학 방향에 대해 알려면 상당한 품이 드는데, 그런 것에 시간을 들이기 싫어하는 남편은 너무 큰 벽이다. 그리고 이렇게 무관심한 남편일수록 중요한 시점에서 아내에게 큰 소리치는 비율이 높다. 여태 뭘 했냐는 둥, 학원비를 그렇게 들이는데 애 성적이 왜 이 정도밖에 안 되냐는 둥 문제와 책임을 아내에게 전가한다. 왜냐하면 자기는 한 것이 아무것도 없기에 책임조차도 없다고 여기는 것이다. 그동안 아내가 홀로 겪은 걱정과 스트레스, 동동거림이나 좌절을 조금도 눈치채지 못한다. 남편이 유튜브 보는 시간의 반이라도 아이 교육에 관심을 두었다면? 부인이 말할 때 귀찮아하는 내색을 보이지 않았더라면? 친구들과 어울릴 시간의 반의반만이라도 대화에 진심이었다면 어땠을까?

양육자가 한 사람이 아닌 이상 아이에 관한 일들은 함께 공유해야 한다. 양육자끼리 대화가 줄어들기 시작하면 반드시 문제가 생긴다. 모르면 알려주고, 의견이 다르면 더 많은 대화를 통해서 설득하거나 접점을 찾아야 한다. 서로 등 돌리고 있는 상태로는 어떤 것도 불가능하며, 어느 한쪽이 등 돌리고 있다면 다른 한 사람이 그를 돌려놓아야 하는데, 그 일을 줄곧 한쪽만 할 수는 없다.

　나는 아이의 작은 일들까지도 남편과 상의한다. 물론 시간과 품이 들고 의견 충돌로 힘들 때도 있다. 하지만 아이의 일을 나 혼자 결정하는 건 싫다. 아무리 작은 일이라도 남편도 알 권리가 있고 책임도 나누어야 한다. 나만큼 아이와 시간을 함께하지 못한다는 이유로 몰라도 되는 건 아니다. 가끔 나만큼 신경 쓰지 않는 것 같으면 반드시 짚고 넘어간다. 귀찮다고 그냥 넘기지 않는다. 이런 나의 작정을 남편이 알게 하는 것도 중요하다. 내가 혼자 결정하는 건 아이의 문제집을 사는 것 정도고(산 것을 보여주긴 한다), 가끔 잘못한 일을 눈감아 주는 것 정도다. 하지만 결국엔 남편도 알게 된다. 교과 과정이야 나만큼 상세하게 모르고 학교 시간표나 학과 선생님들 이름을 나처럼 외고 있지는 않지만, 아이의 친구들과 담임 선생님과 학교 생활과 공부의 방향에 대해서는 남편도 내가 알고 있는 만큼 알고 있다. 나는 아이에게 들은 이야기는 남편에게 최대한 전한다. 말썽을 부려서 진실의 방으로 갔다는 다른 반 아이에 관한 시시콜콜한 이야기까지도 말이다. 아이를 키우는 일에는 이런 것들까지 모두 포함되니 정말 쉽지 않다.

아이가 교실에서 앉는 자리가 매번 어디인지, 아이의 앞뒤와 옆 자리에 누가 앉아 있는지를 항상 알고 있는 부모라는 건 많은 걸 의미한다. 이게 가능한 것은 누구 한 사람의 노력이 아니다. 그리고 갑자기 결심한다고 하루아침에 가능한 것도 아니다. 각자의 시간을 서로에게 조금씩 내주며 차곡차곡 쌓아 올린 결과물이다. 여태 그래왔던 것처럼 앞으로도 생각지도 못한 새로운 어려움이 매년 빠짐없이 찾아올 것이다. 아이가 돌연 달라질 수도 있고 뜻밖의 일에 열정을 쏟을 수도 있다. 그럴 때마다 나와 남편은 치열한 대화를 할 것이고, 아이의 변화를 이해하고, 인정하고, 필요하다면 지지해줄 것이다. 어려운 시기를 지나 훌쩍 자란 아이는 한결같이 자신을 믿고 지지해준 그때의 엄마와 아빠를 기억하며, 든든한 마음으로 다시 자신의 길을 거침없이 걸어갈 수 있을 것이다.

곱게 물든 유칼립투스 폴리안

폴리안의 어린 시절입니다.

죽을 고비를 넘기고 가지와 잎을 한쪽으로만 내놓은 탓에

폴리안은 4년 동안 지지대에 의지하여 자랐습니다.

가족은 서로의 지지대이면서 울타리입니다.

사랑하는 가족이 있어서 좌절의 순간도 견디고 다시 일어날 수 있습니다.

물론 기쁨과 행복은 배가 됩니다.

식물과 인간의 성공

살아 있는 생명체들의 한결같은 목표는 자기 유전자를 널리 퍼뜨리는 것이다. 번식은 모든 생물의 최우선 과제다. 그래서 잡아먹힐 것을 알면서도, 강의 상류에 가서 만신창이가 되어 죽을 것을 알면서도, 암컷을 차지하려 싸우다 치명상을 입을 수 있음에도 오직 목표만 생각한다. 식물도 다르지 않아서 번식을 위한 몸부림이 치열하다. 식물의 진화는 번식을 더 잘하기 위한 노력의 역사이다.

EBS 다큐프라임〈녹색동물〉은 번식을 위한 식물들의 상상 초월할 노력과 진화의 과정을 담은 다큐멘터리다. 몇 번을 봐도 입이 떡 벌어지는 이 영상은 어떻게 하면 수정이 잘 될지, 어떻게 하면 씨앗을 더 멀리 보낼 수 있을지 영겁의 세월 동안 치열하게 연구한 식물의 노력을 잘 보여준다. 식물은 씨앗이 동물의 먹이로 소화되어 사라지지 않도록 씨앗 외피를 돌처럼 단단하게 만들거나, 바람이나 물 등의 자연을 잘 활용할 수 있는 방식으로 진화했다. 또 곤충이나 작은 동물을 번식에 이용하기 위한 각종 노력이 시간의 힘과 엮여서 우리가 상상하지 못하는 놀라운 수준으로 진화해왔다. 그러므로 스스로 이동할 수 없는 식물이 여러 방법을 동원하여 수술의 꽃가루가 암술머리에 달라붙는 수분에 성공하여 결실을 만들어냈다면 그것은 이미 어마어마한 성공이다. 더 나아가 그렇게 어렵사리 만들어낸 씨앗이 어딘가에 잘 안착하여 발아까지 했다면, 또 그것이 온갖 풍파를 견디고 어른 식물로 성장했다면 길이길이 남을 만한 대성공이겠다.

온실 밖의 자연 속에서는 이 과정의 모든 단계마다 우주의 운이 따라야 한다. 그런데 도심지의 봄 산책길에는 자연 발아한 싹이 너무 많아서 모든 게 쉬이 이루어진 것처럼 보인다. 커다란 벚나무나 단풍나무 밑만 봐도 아기 나무의 싹이 꽤 있다. 씨앗이 흙에 떨어지는 행운이 따랐고, 무더위와 장마와 모진 겨울을 견디고 찬란한 봄에 발아하였으니 모두에게 성공 딱지를 붙여주어야 할 것이다. 하지만 도시의 잡풀은 주기적으로 뽑히거나 잘리고, 엄마 나무의 발치에서 나온 싹은 어른 나무로 성장할 가능성이 없다. 너무 뻔한 결말이 예정되어 있으므로 성공 목록에서 빼야 하는 걸까? 아니면 절

반의 성공일까? 아니면 작은 성공으로 보아도 될까? 1단계 성공은
어떤가?

목표가 단순한 식물의 세계지만 성공을 정의하고 구분하기란 쉽
지 않다. 그래서 나는 끝내 발아한 녀석이 있다면 (그 씨앗이 만들어진 험
난한 과정을 떠올릴 수밖에 없으므로) 그것만으로도 대성공이라고 축하해
주고 싶다. 촉촉하고 따뜻하고 위험 요소가 없는 안전한 흙에서 파
종한다 해도 실패할 이유가 너무 많다는 걸 아는 까닭이다. 그래서
파종하는 사람은 발아만 해도 '성공'이라는 단어를 반드시 입에 올
린다. 이토록 각박한 환경을 견디며 희박한 확률을 뚫고 발아했다는
사실만으로 연두색 싹은 대우받아 마땅하다. 그런데 우리가 집에서
키우는 식물들은 자신의 본분을 잊은 채로 그저 자라는 경우가 많
다. 매번 씨앗을 맺는 식물도 있지만 대체로 나의 식물들은 번식에
그다지 신경 쓰지 않고 평탄하게 살아가는 것처럼 보인다. 식물의
목적을 생각했을 때, 내가 키우는 식물은 '성공'과는 거리가 먼 채로
살아간다는 얘기다. 그럼 이 식물들은 실패한 생인가?
　나는 나의 식물 모두에게 일일이 성공 딱지를 붙여줄 작정이다.
생명을 유지하고 조금씩 자라는 것만도 자랑스럽다고 충분히 토닥
여 줄 것이다. 왜냐하면 자신의 조상들이 오랜 세월 동안 나고 자라
며, 적응과 생존의 방법을 유전자에 새겨넣은 환경인 원산지와는 모

든 것이 완전히 다른 우리 집에서 살고 있기 때문이다. 내가 키우는 식물들의 원산지를 보면 열대 아메리카, 아프리카의 에스와티니와 남부 열대림, 멕시코의 사막, 유럽과 서아시아의 숲속 등이다. 이런 곳에서 자라는 데 필요한 정보를 가진 식물들이 영하 20도와 영상 40도를 몇 개월에 한 번씩 돌고 도는 기후와 척박한 작은 화분 속에서 수년째 살아가고 있는데, 이 생존 자체가 성공이 아니면 무엇일까? 오히려 기적과 다름없다. 도저히 여기서 무언가를 더 해내라고 바랄 수가 없다.

인간의 성공은 더더욱 정의하기가 어렵다. 성공이라 여기는 목표와 기준이 사람마다 전부 다르다. 사실 성공이라는 말은 우리 삶에서 매우 자주 쓰이는 단어이다. 특히 아기에게는 거의 모든 것들이 성공이다. 첫걸음마부터 두발자전거를 처음 타게 되는 순간까지만 생각해봐도 수십만 번의 성공이 있다. 어른이 되어서도 종종 성공이라는 말을 듣고 산다. 살이 좀 빠졌거나, 파마가 잘 나왔을 때, 괜찮은 물건을 싸게 샀을 때도 성공이라고 한다. 학부모가 되면서부터는 자녀의 성취에 성공이라는 말이 붙기 시작하는데, 더불어 실패라는 말도 함께 쓰이기 시작한다. 시험을 잘 보면 성공, 내신이 좋으면 성공, 학원에서 높은 레벨의 반으로 옮겨도 성공, 학원에 다니지 않고 공부를 잘해도 성공이다. 그리고 이 반대 상황은 모두 실패다. 아이들의 성취를 두고 성공과 실패라는 단어를 너무 남발한다. 입시라는 성과주의에 매달리는 이상 노력의 결과가 간단한 단어로 표현되는 일은 계속될 것이다.

"이야, 돈도 안 들이고 공부한단 말이지? 성공했네!"

내 친구들은 학원을 돌리지 않는다는 사실 하나에도 성공이라는 단어를 썼다. 뜻밖의 말에 나는 손사래를 쳤지만, 집으로 돌아오는 길에 되짚어 보니 고개를 끄덕여도 괜찮지 않을까 하는 생각이 들었다. 이렇게까지 경쟁과 사교육이 만연한 세상에서 나와 남편은 공부로 아이를 닦달하지 않고 어린 시절을 마음껏 누리게 해주었다. 또 아이 역시 모두가 앞서 나갈 때도 흔들리지 않고 그때 필요한 공부를 혼자 묵묵하게 해왔으니, 어떤 면에서는 이것이 성공 비슷한 무언가가 아닐까 싶은 것이다. 우리가 현실 감각이 없는 이상주의자라서 아이 학습에 박차를 가하지 않았던 것은 아니다. 자기에게 주어진 일들을 책임지고 성실하게 해낼 수 있는 바른 태도를 만들어주기 위해 정말 오랜 시간 동안 노력했다. 아이가 자라는 땅이 기울어지거나 꺼지지 않도록 그 땅을 고르고 다지는 데에 거의 모든 시간을 할애한 셈이다. 폭포수 같은 정보를 습득하면서도 세상의 유행과 말에 흔들리지 않고 아이를 믿으며 뚝심을 지키는 일은 생각보다 어렵다. 해야 하는 것과 하면 안 되는 것을 구분하는 일이 만만치가 않다.

나의 일이 아니고 아이의 일이라서 어렵고, 남의 아이가 아니라 내 아이기에 객관적인 눈으로 보기가 어렵기 때문이다. 매번 치열한 고민과 셀 수 없는 물음을 통해 논리를 만들고 중심을 잡아야 했고, 내가 보고 듣고 겪은 경험을 되돌아보며 옥석을 골라내는 일도 바지런히 해야 했다.

이런 노력은 겉으로는 잘 보이지 않기에 종종 우리는 '뭣도 모르고 아이를 놀리는 부모'처럼 보였을 것이다. 그래서인지 당장 조치를 취해야 한다는 말을 너무 많이 들었다. 아이가 중학생이 되었는데도 발등에 불이 떨어진 걸 모르는 것 같아 안타까워하는 말이었다. 여기서 '조치'라는 건 좋은 대학교 진학의 발판이 될 좋은 고등학교 진학을 가능케 하는 학원을 보내는 것을 말한다. 아이들의 성취가 전시되는 대형 학원에 가서 치열하게 공부를 시켜야만 겨우 좋은 고등학교에 갈 수 있고, 그래야 좋은 대학교에 갈 수 있다는 것이다. 설령 그게 가능하다 해도 그것이 성공이고 행복에 이르는 길인지는 아주 많은 생각을 해봐야 한다. 물론 그것이 아이가 정말 원했던 거라면 그것은 소기의 성공이다. 아이도 그로 인해 행복할 것이다. 하지만 세상에서 말하는 성공과 행복의 기준을 고민 없이 따르고, 그것을 성공이라고 여겨 도취하거나 행복이라고 착각할 수도 있기에 자신의 마음을 솔직하게 들여다보아야 한다. 행복은 남이 보아주는 게 아니고 자기가 느끼는 것이니까.

그래서 행복이란 뭘까? 사람들 대부분 삶의 목적을 '행복'이라고 말하지만, 행복만큼 뜬구름 잡는 말도 없는 것 같다. 누군가는 돈을 많이 버는 것, 높은 자리에 오르는 것이 삶의 목적이라고 말한다. 하지만 결국은 그렇게 해야 행복할 것 같아서이지 않나. 우리 세대가 귀가 짓무르게 들었던 행복은 성적순이 아니라는 말을 요즘 아이들이 들으면 무어라고 할까? 아마 열이면 열, 행복은 성적순이라고 크게 소리칠 것이다. 아이들도 듣고 보는 것이 있어 그 가치를 크게 느낀다. 생각 없이 놀기만 하는 듯 보이고 성적에 대범한 척 구는 아이도 사실은 별로인 자기 성적이 싫고, 본인도 공부를 잘했으면 하는 마음을 가지고 있다. 그렇다면 성적이 좋은 아이는 행복해야 마땅할 텐데 꼭 그렇지도 않다는 게 문제다. 성적이 좋을수록 해야 하는 공부가 급격히 많아지기 때문이기도 하고, 바로 다시 더 높은 목표가 자기 앞에 놓이기 때문이기도 하다. 또 자신이 주도적으로 행한 것이 아니고 부모가 질질 끌고 가서 만든 좋은 성적이라면 아이는 행복하지 않을것이다. 성적이 좋은 아이들의 절반쯤은 무척 힘들다. 성적을 더 올리자니 지옥이고, 성적이 떨어져도 지옥이고, 성적을 유지하자니 그것도 지옥이다. 이런 생활과 압박에서 헤어나올 길이 없다고 절망하는 아이를 떠올리면 너무 아슬아슬하다. 그리고 이 압박의 시작점이 점점 낮아진다는 것도 아주 큰 문제다.

아이가 행복하지 않은 가장 큰 원인은 부모가 아이를 죄인으로 만들기 때문이라고 생각한다. 부모의 기대에 못 미치면 패배자인 것처럼 또는 패배자가 된다고 은연중에 혹은 대놓고 세뇌를 시키기 때문에 아이는 일찍부터 패배자가 되고 죄인이 된다. 패배자인데 어떻게 행복한가? 너무 당연한 말이지만, 공부를 잘해도 불행할 수 있듯이 공부를 못해도 행복할 수 있다. 그리고 사실 우리 대다수는 원하는 만큼 공부를 잘하지 못한다. 무엇이든 나보다 훨씬 잘하는 사람은 항상 저 위에 까마득하게 많다. 그러니 '내 아이 패배자 만들기'는 당장 그만해야 맞다. '공부 못하고 불행한 것'과 '공부 못하고 행복한 것' 중 하나를 선택해야 할 때 답은 정해져 있는 거니까. 패배자가 되는 까닭은 아이가 공부를 못해서도 아니고, 원하는 대학에 합격하지 못해서도 아니다. 부모와 세상이 패배와 승리라는 이분법적 논리를 가지고 아이를 대했기 때문이다.

부모가 전력을 기울여야 하는 것은 내 아이와 좋은 관계를 유지하는 것이다. 이것은 굉장히 중요하다. 도달할 수 없는 목표치를 설정해놓고 그것을 바라느라 아이와 관계가 틀어지고 만다면 그것은 명백한 실패다. 지금은 좀 그래도 나중에 아이가 철들면 내가 그랬던 것처럼 부모를 이해해줄 것이고, 다시 관계는 괜찮아질 거라고 낙관할 일이 아니다. 관계가 좋은 것과 그냥 괜찮은 것은 하늘과 땅

만큼의 차이이기 때문이다. 크건 작건 아이와의 관계에 문제가 있다고 여긴다면 부모 쪽에서 일방적인 노력을 쏟아부어야 한다. '양육자와의 좋은 관계'는 아이의 유일한 버팀목이다. 마지막까지 자신을 지켜주고, 믿어주고, 지지해주고, 인정해주고, 괜찮다고 안아줄 수 있는 단 한 사람이 있다면 부모인데, 그 관계가 틀어지면 아이는 감당하기 어렵다. 어떤 상황에서도 행복이라는 단어를 떠올릴 수 없게 된다.

그리고 아이와의 관계에 앞서 있는 것이 부부간의 관계다. 이것이 더 기본이고 훨씬 더 중요하다. 가화만사성(家和萬事成)이라는 말은 더할 나위 없는 진리다. 가정이 모든 것의 시작과 끝이고 본질이다. 알고 보니 파랑새는 우리 집에 있었다는 말이다. 아이의 성적을 걱정할 시간에 부부끼리 대화하고 바라봐주고, 배려하고, 아꼈으면 좋겠다. 큰 줄기가 물러지면 아무리 노력해도 결국 곁가지도 무르는 법이다. 양육자끼리 사이도 좋지 않고 툭하면 큰소리가 나는데 아이가 행복할 것을 어떻게 기대할 수 있나? 행복의 전제조건이 마음의 평화와 안정이라는 건 틀림없다.

모두의 바람처럼 나도 내 아이가 행복했으면 좋겠다. 내 아이의 행복을 위해서 내가 해줄 수 있는 것은 안정되고 화목한 가정을 유지하는 것, 그리고 아이가 좋은 태도를 갖춘 어른으로 성장할 수 있도록 노력을 기울이는 것이다. 그리고 중요하다고 생각하는 것이 또하나 있다. 성취의 경험이다. 나는 아이가 성취의 기쁨을 경험하고, 그때의 마음을 소중히 간직할 수 있도록 알게 모르게 부단히 노력하였다. 퍼즐, 피아노, 운동, 공부, 여행, 게임 등 거의 모든 것에는 성취라는 작은 트로피가 있다. 이는 지겹거나 힘들어도 노력을 이어나갈 수 있게 해주는 원동력이다. 부모의 노력이 아닌 자신의 노력으로 일군 성취감은 순도가 높은 행복이다. 그런 경험이 쌓이고 쌓이면 자기가 하고 싶은 것, 자기가 해야 하는 것을 위해 몰두하고 노력할 수 있다. 그리고 그것 자체에 행복을 느낄 수 있게 된다. 무언가를 성취해본 행복하고 뿌듯한 마음을 잘 간직한 사람은 자신이 하고픈 것을 발견했을 때 해낼 수 있다는 믿음이 있다. 그래서 그것에 노력을 들일 줄 알고, 실패했을 때도 또다시 시작할 힘이 있다.

식물은 꽃가루가 어떤 과정을 거쳐서 오는지 중요하지 않다. 어떻게든 암술머리에 꽃가루가 달라붙기만 하면 된다. 그래서 씨앗을 만들 수만 있다면 식물은 어떤 희생도 감내할 작정이 되어 있다. 하지만 인간의 성공은 다르다. 타인이 정의할 수도, 판단할 수도, 성공의 정도를 말할 수도 없다. 게다가 인간에게는 결과에 앞선 과정이 매우 중요하다. 결과의 가치를 전부 다 뒤엎을 수 있을 정도다. 그래서 과정을 잘 보낼 수 있고, 부끄럼 없는 것으로 채울 수 있는 능력과 태도를 갖추었다면, 그것은 결과에 상관없이 성공이고 행복은 보장되어 있다고 감히 말할 수 있다.

장수매화의 결실

우리 집에서 가장 부지런히 꽃을 피우고 열매를 맺는 장수매화입니다.

붉은 꽃이 진 자리마다 어김없이 초록색 매실이 열리고 노랗게 익어갑니다.

행복은 주관적입니다.

남이 말하는 성공을 행복이라고 착각하지 말아야 나의 행복을 찾을 수 있어요.

과정을 바르고 즐거운 것으로 채워가는 것이 성공이자 행복입니다.

얽힌 뿌리를
천천히 풀어내며

식물을 키우는 사람은 화분과 흙을 갈아주는 일을 숱하게 합니다. 식물이 잘 자라도록 주기적으로 영양분이 들어 있는 새 흙으로 갈아주어야 하고, 또 성장에 차질이 없도록 화분도 알맞은 크기로 계속 바꿔주어야 하거든요. 어느 봄날에 제가 분갈이하며 생각한 것을 얘기해볼까요.

화분의 물구멍으로 식물의 뿌리가 튀어나온 걸 발견하면 화분을 바꿔주어야 합니다. 어떤 식물은 화분에서 빼내는 것만 30분이 넘게 걸릴 때도 있어요. 이번에도 그런 녀석이었지요. 온갖 애를 써서 간신히 꺼내놓고 보니까 뿌리가 얼마나 자랐는지 화분 모양으로 단단하게 얽혀 있었습니다. 그 상태 그대로 새 화분에 넣을 수는 없는 노릇이니 풀어야만 했어요. 뿌리를 푸는 건 훨씬 더 어렵습니다. 이 정도로 단단히 엉켜 있으면 아무리 인내심을 가지고 시간을 들여도 뿌리가 많이 손상됩니다. 끊어지고 부서져요. 그러다 너무 힘들고 풀어낼 가망이 없어 보이면 괜스레 화가 뻗쳐서 뿌리를 찢기도 하고 칼로 자를 때도 있어요. 이런 와중에 식물의 옆구리에 새끼 식물이라도 있으면 더 난감해집니다. 새끼를 모체로부터 떼어낼 때는 유적을 발굴한다는 느낌으로 조심조심 뿌리를 분리해야 합니다. 그래야 살거든요. 조금 더 일찍 분갈이했다면 좋았을 텐데, 차일피일 미루다가 이 지경이 되었지요. 그렇다고 새끼를 일찍 발견해서 분리하는 것도 위험하긴 마찬가지입니다. 어린 식물의 뿌리가 너무 미약하면 안 되니까요. 안성맞춤인 타이밍을 찾는 건 항상 어렵습니다.

부모와 자식도 서로 뿌리가 얽혀 있습니다. 수많은 순간을 함께하면서 아이의 뿌리는 분지하며 자라나고, 부모와 점점 더 단단히 얽힙니다. 나중에는 어떤 뿌리가 내 것이고, 어떤 뿌리가 아이의 것인지 구분이 안 될 정도예요. 또 초반에 유독 많은 뿌리를 내놓는 아이도 있을 것이고, 뿌리를 뻗어 자리 잡기까지 시간이 꽤 걸리는 아이도 있을 겁니다. 양은 적어 보여도 뿌리가 깊고 단단하게 박힌 아이도 있겠지요. 식물이 다 천차만별이듯 말입니다. 그래서 각자의 상황에 맞추어 뿌리를 분리해내는 것이 중요합니다. 다 풀어내었다는 사람들의 말이 여기저기서 들린다고 급하게 서두르는 일은 없어야 합니다. 섣불리 떼어냈다가는 아이 홀로 힘든 시간을 겪어야 하니까요. 그렇다고 한없이 게으름을 떨다가는 영영 풀지 못하거나 꽤 큰 상처를 각오하고 잘라내야 합니다. 인내심을 가지고 충분한 시간을 들여서 한 올 한 올 풀어내는 것이 유일한 방법이고, 처음에는 그토록 어렵지만 갈수록 쉬워지는 것이 얽힌 뿌리 풀기입니다. 마침내 안전하게 서로 분리될 것이고, 그렇게 정성껏 분리된 아이는 완벽한 개체로 자랄 준비가 되어 있을 거예요.

그러니 나와 아이의 상태를 잘 살펴서 먼저 분리할 수 있는 뿌리를 찾고, 그것이 끊어지지 않도록 신중하게 한 가닥씩 풀어야 합니다. 모두가 각자의 환경에서 각자의 그릇에 맞추어 각자의 속도와 마음으로 큽니다. 다른 집에서 분갈이했다고 나도 할 필요가 없으며, 다른 집에서 비료를 주었다고 나도 줄 필요는 없습니다. 일주일마다 물을 준다는 집의 식물이 아무리 반짝이고 멋지다고 나도 따라서 똑같은 주기로 물을 주었다가는 뿌리가 썩을지도 몰라요. 우리 집에서는 한 달에 한 번 물을 주는 것이 알맞을 수 있습니다.

제 아이는 굉장한 양의 뿌리를 내려놓았습니다. 아마도 함께한 시간이 너무 많아서일 겁니다. 압도적인 뿌리를 보고 '이걸 어째?'

하는 마음도 들었고, 이미 손 쓸 수 없이 엉켜버린 건 아닐까 다급해지기도 했어요. 그래도 다른 사람의 시선에 조바심을 내지 않고, 다수의 흐름을 좇지 않고 한 가닥씩 천천히 풀기로 했습니다. 끊어지지 않도록 집중하면서요. 가끔 이 모든 걸 수월하게 해내는 듯한 사람을 보면 부럽기도 했지만 어쩌겠어요. 다행스럽게도 저는 같은 일을 질리지 않고 하는 사람입니다. 다른 사람보다 시간이 더 많이 걸리는 것 같아 불안해질 때마다 온전하게 잘 풀어내는 것이 훨씬 더 중요하다고, 나는 잘하고 있다고 스스로 계속 되뇌었습니다. 그러다 보니 꽤 많이 풀어낸 부모가 보여도 개의치 않게 되었지요. 불안이 껴들지 않도록 저를 믿고 남편도 믿고 아이도 믿었습니다. 한 발짝 물러서서 허리를 펴고 바라보니 저도 용케 많이 풀어냈더군요.

희망적인 사실은 얽힌 뿌리 풀기가 으레 그렇듯 점차 수월해진다는 거예요. 그러니 초반에 발을 동동 구르면서 조급해하지 않아도 됩니다. 때때로 쉬이 풀리는 순간들이 반드시 있습니다. 다른 사람들과 속도 경쟁하지 마세요. 빠른 것이 능사가 아닙니다. 마라톤에서도 단 한 번의 오버 페이스가 치명적인 결과를 가져오는 걸 볼 수 있잖아요. 자기 페이스를 잃지 않는 것이 중요해요. 키우는 일은 단기간에 어떤 성과를 내는 경주가 아닙니다. 그러니 필요할 때는 뿌리 갈퀴를 사보기도 하고, 너무 힘들 때는 다른 사람에게 잠시 맡기거나 내버려 두고 충분히 쉬어도 괜찮습니다.

우리가 종종 잊어버리는 중대한 사실이 있어요. 사실은 식물도 아이들도 우리의 걱정보다 잘 자란다는 거예요. 회복하고 다시 일어나고자 하는 대단한 의지와 열망을 이미 품고 있습니다. 그깟 뿌리 좀 끊어진다고, 가지가 부러진다고, 물 때를 좀 놓쳤다고, 냉해를 입었다고 큰일이 일어나지 않아요. 병충해에 시달리고 모든 잎이 다 오그라들어 말라버려도, 안 되겠다고 단정하고 포기하지만 않으면 다시 반질반질 윤이 나는 말끔한 잎을 내어줍니다.

힘들면 쉬어갈 줄 알아야 기나긴 여정을 즐겁게 걸을 수 있습니다. 또 쉴 때만 드러나는 것이 있고, 쉬어야만 볼 수 있는 것도 있습니다. 키우기는 어떤 지점에 도달해야 한다는 목표라는 게 아예 없는 여정입니다. 그러니 그 과정이 즐거워야 하고 순간을 행복으로 만들어야 합니다. 그러기 위해서는 천천히 가는 수밖에 없지요. 당신의 여정이 여유를 가지고 아이의 찬란한 모습을 함께 보는 시간이길 바랍니다.

느리고 단단한 육아 멘토,
나의 식물 선생님

더 많은 식물 이야기

아이의 꽃말은 기다림입니다

1판 1쇄 인쇄 2022년 10월 20일
1판 1쇄 발행 2022년 11월 16일

지은이 김현주
펴낸이 고병욱

기획편집실장 윤현주 **책임편집** 김지수
마케팅 이일권 김도연 김재욱 오정민
디자인 공희 진미나 백은주 **외서기획** 김혜은
제작 김기창 **관리** 주동은 **총무** 노재경 송민진

펴낸곳 청림출판(주)
등록 제1989-000026호

본사 06048 서울시 강남구 도산대로 38길 11 청림출판(주) (논현동 63)
제2사옥 10881 경기도 파주시 회동길 173 청림아트스페이스 (문발동 518-6)
전화 02-546-4341 **팩스** 02-546-8053
홈페이지 www.chungrim.com **이메일** life@chungrim.com
블로그 blog.naver.com/chungrimlife **페이스북** www.facebook.com/chungrimlife

ⓒ 김현주, 2022

ISBN 979-11-979143-6-2(13590)